精神分析与人文·丛书

The Psychoanalysis of Artificial Intelligence

ISABEL MILLAR

人工智能的精神分析

[英]伊莎贝尔·米拉 著
陈劲骁 译

上海人民出版社

总序

弗洛伊德常言，神经症症状是两方妥协的产物，换言之，其并非如病毒那般的外来异物，而是人类自身精神冲突的产物。由此，如果人类自身注定是分裂的，冲突则是不可避免的，因而症状也是常在的，并构成人类存在的一个本质部分，即便有差异，也只是强度与危害程度的大小而已。当然，对倒错及精神病而言，精神层面的分裂还需另当别论。

正因此，在一个类似的背景下，弗洛伊德说道，幸福是个体在力比多上的经济学问题，亦即利用如升华等各种精神运作机制来控制好各个精神机构的能量分配，而从偏伦理学的角度来说，幸福正在于平衡。

然而，如果我们换个外部视角来看精神分析这个学科本身，正如在弗洛伊德之后兴起的对精神分析的历史学与社会学研究，其本身难道不也是平衡与妥协的产物吗？

从历史的角度来说，精神分析诞生的“世纪末”，是一个无论在现实层面上还是在思想层面上皆充斥着各种分裂与不确定性的时代，传统的自由主义、资本主义、父权制等皆受到不同程度的质疑，而作为理性主义代表的物理学与数学也碰到了诸多不确定性。一言以蔽之，启蒙运动所推崇的进步论及其众多理想设定——“成年—男性—理性—个体—契约”——皆遇到了深刻的挑战。而这些挑战及内在的冲突最终促成了此后的从“理性人”到更为复杂多变的“心理人”的转变。

在这个影响仍持续至今的时代之后，某些学科退回到实证主义范式（具体而言，指19世纪晚期出现的马赫式新实证主义），谋求一种相对的确定性，而某些学科仍陷于确定性与不确定性的分裂之中，当然也有学科抛弃了确定性。

照此来看，精神分析属于第二种倾向。究其原因，传统上会将这点归于精神分析奠基者弗洛伊德的个人风格：其一方面接受的是现代医学的训练，因而主要继承了当时神经生理学中的机械论范式；但另一方面，其从事的乃是一对一的临床实践，并从中听到了主体身上的各种由历史与现实带来的痛苦，这些痛苦无法被整体性地做一个机械论与普遍性的还原，并由此促使精神分析逐渐演变成一个现代主体论的极致形式。

但如果我们参照前述时代的分裂，精神分析听到的难道不正是所谓世纪末的分裂吗？这一分裂发生于最“特殊”的个体与众多群体性实体之间，二者之间的分裂强度不可谓不强烈，也近乎是不可还原的。正因此，如我们所知，精神分析在“分裂”上的发现，在近现代尤为突出与鲜明，如无意识—意识的分裂、自我—超我的分裂，等等。同时，由于这一冲突性的分裂特征，精神分析虽一方面备受某些采用实证主义范式的科学派别的非议，另一方面却仍一如既往地受到众多人文社会科学的欢迎。

鉴于精神分析的强烈分裂特征及其“平衡伦理学”，也鉴于本丛书的宗旨，我们还可以参照精神分析运动史再说几句。

一、自然与文化

精神分析从根本上事关人性，人却既是自然人，也是文化人，因此精神分析也涵盖了这一矛盾属性。我们从弗洛伊德对人格结构的三分就可以大概看出这点：它我主要是生物性的，而超我主要是文化性的，自我则介于二者之间。精神分析史也同时展现了对这个矛盾的不同态度。新近流行的神经精神分析延续了弗洛伊德的早期神经生理学或生物物理学路线，拉康却以抛弃生物学为代价发展了其语言结构主义立场下的精神分析。

鉴于拉康这一立场的独特性及其在现代思想中的重要性，我们尚需进一步的论述。如我们所知，因压抑导致的无意识机构是弗洛伊德临床与理论的核心，而语言的功能主要是诉说那些在治疗中被唤起的回忆或被压抑之物，换言之，语言在弗洛伊德那里的用法更多是传统符合论与工具论意义上的，即以词达物。拉康却另辟蹊径，更强调语言在人格结构化过程中的存在论功能：一方面，受海德格尔“语言是存在之家”所影响，拉康认为，是语言构造了人的存在，人就是一种“言在”，尽管是以异化为结果；另一方面，受结构主义语言学所启发，拉康却强调，此种存在论不是历史性的，而是结构性的。之后，拉康还通过马克思的“剩余价值”概念及其他概念进一步发展了语言与实在的关联。

概而言之，弗洛伊德与拉康在语言观上的差异，既涉及不同时代对语言功能的不同理解，也涉及所谓历史与结构之间的差异。

就此差异而言，我们还可以给出另外一个简化的说法。列维-施特劳斯曾将人类学领域分为纵横两派，纵派强调代际关系，横派强调婚姻关系（实际上，很多学派与领域亦存在类似的处境）。而我们也可在类似的意义上将弗洛伊德与拉康同样分为纵横两派：弗洛伊德偏纵派，更强调语言与个人历史的关联，主体在不断的言说中逐渐接近个人历史的真相，进而从症状中解脱；而拉康更多是横派，更强调语言对人格的结构化作用，主体在不断的言说中逐渐找到自己的合适的符号位置与享乐方式。此种纵横的差别，可以说是精神分析史上最大的差别之一，但也造成了拉康的术语与弗洛伊德的相比，经常显得相去较远，且让人费解。

依个人之见，拉康的这一横派立场，不仅有力地补充了传统精神分析，并与后者的纵向观点构成了某种相生相克的复杂二元关系，还使得精神分析可与那些更结构化的学科，如数学，建立密切的关联。

然而，拉康在大力发展这一语言结构主义主张的同时，又以一种带还原论色彩的方式将精神分析所涉的众多主题皆还原到语言身上。此种偏文化的立场虽然相比于弗洛伊德更具理论一致性，但会以牺牲精神分析内在的复杂性为代价，其中值得注意的是生物学，我们可以从拉康对它我的处理中看出这一点。而在生物学已成现代科学显学的当代，这不能不说有点让人遗憾。但从另一个角度来说，这也同时为后人开启了神经结构与语言结构之间关联的新的研究方向。

二、个体与家庭

精神分析是启蒙运动以来的主体论的延续，并因其临床实践而成为主体论的极致形式之一（尽管其奠基于一种主体内在的分裂而非传统的主体结构的同一性），正因此，其与其他诸多继承主体论的学科之间一直惺惺相惜且相互影响，典型如艺术、文学和主体论哲学。

随着俄狄浦斯情结的提出，精神分析还发现了无意识的另一重要维度，即家庭，并因此揭示了个体与家庭之间的复杂纠结关系。也正因这一家庭维度，精神分析与人类学的关系就变得无比密切，典型如马林诺夫斯基对俄狄浦斯情结的批评。而近代，受列维-施特劳斯影响的拉康，虽在语言结构主义立场上重新表述了精神分析的基本经验，但似乎并未绕过或弱化其中的家庭议题，因为在根本上，就当下人类的生存样态而言，结构的传递仍然依赖于最初的母子关系，尽管现今家庭的外延与内涵已变得越发多元，亦越发模糊。

是如弗洛伊德所说，“命运被看成是父母机构的替代物”，还是如弗洛伊德那里谜一般的“选择”（如在神经症选择概念中）术语所示，精神分析中个体与家庭之间的张力持续至今，尤其是在拉康更为强化的结构主义立场中。而在治疗意义上，我们是站在主体的立场，顺应其精神世界的独特性，并帮助他找到其独特选择，还是站在父母及家庭的立场，理解主体背后的各种期待、欲望及冲突（如拉康所言，主体的欲望就是大彼者的欲望），并帮助其看清自己的命运，这两种视角有时近乎是不可通约的，恰如我们既无法考虑一个鲁滨孙式的原子个体，也无法仅将主体缩减为大彼者欲望的载体。

然而，这难道不正是现代性及其所涉诸多学科——尽管各有所重——的共同难题吗？

三、家庭与社会

精神分析有时会被看作一种家庭本体论。在今天来看，这个看法并非没有道理。实际上，如果我们回到精神分析诞生之初，我们会看到，弗洛伊德的发现及其通过俄狄浦斯情结对家庭的再发现并非那么绝对，甚至可以说具有一定的偶然性：从治疗的角度来看，弗洛伊德所处的医生救人位置，还包括其某些时候所处的教师育人位置，天然近于父母的养育位置，所以，治疗关系，尤其是其中的转移关系，时常且很大程度上涉及家庭内部的动力学，这其实并不那么让人意外。现在来看，虽然这个偶然性并不影响弗洛伊德及其贡献的伟大，但无疑会以弱化个体周边的社会性影响为代价。实际上，如果我们再考虑一下治疗费用的议题，尽管弗洛伊德揭示了其中的粪便意指，我们也很难忽略其中蕴含的社会性的交换意指。

在另外一个视角上，《世纪末的维也纳》的作者卡尔·休斯克通过研究弗洛伊德个人思想的演变，也认为弗洛伊德通过将社会与政治议题转化为家庭内部的议题而消解了前者。

然而，从精神分析运动史的角度来看，社会维度从未离开精神分析。从精神分析家赖希、霍妮，到法兰克福学派的霍克海默、阿多诺，再到美国社会学家帕森斯，甚至我们还可以加上阿德勒，这些人的著作与观念都呈现了精神分析与社会领域之间的复杂互动与相互影响。而实际上，正如我们所知，精神分析在今天的盛名，亦在很大程度上归功于此种互动。

四、母亲与父亲

自克莱因、温尼科特等人在儿童精神分析领域揭示了母亲在儿童早期人格构建中的重要性起，精神分析也越来越呈现出父亲端与母亲端之间的分裂。鉴于家庭与话语中蕴含的权力维度，此种分裂也就关涉到制度层面上的母权制与父权制之间的冲突。

弗洛伊德无疑是父权制的，而克莱因、温尼科特虽然更关注精神分析临床而较少谈论制度层面，但其所强调的母亲功能也在某个意义上蕴含了一种制度性的假设，至少在心理学与教育学层面上。拉康虽然受两人影响因而强调早期母子关系的重要性，却以一种符号先验主义的方式将该关系还原到了父权制那里。

而此种发生在精神分析内部的分裂，不仅牵涉到相关的心理学、教育学领域，还将其他众多学科牵涉进来：对人类学而言，自巴霍芬的《母权论》起，父母各自的权重及二者之间的冲突就成为人类学的重要议题之一，其争议持续至今；对女权主义而言，争议更甚。而随着精神分析在中国的发展，因中国家庭制度的特殊性，此种冲突虽同样明显，却似乎呈现出一些不同的样貌。

五、中与西

虽说精神分析近期在国内已有不小的发展，无论是在社会层面还是在知识界皆备受欢迎，但整体上，我们仍需面对中国相对于西方的众多差异性及异质性：现代化程度、个体与群体的关系、家庭伦理、语言功能、形而上学，等等，而精神分析如何在国内扎根，尤其是以什么形式安置其临床实践部分，还不是一件不言自明的事情。在此背景下，精神分析的发展，仍亟须参照众多相关学科的研究及与它们的合作，典型如中国传统文史哲。

……

是故，本丛书虽名为“精神分析与人文”而有所偏重，但并不局限于单纯的人文领域，也不局限于某区域或某学派，而关乎精神分析所有可能的成果及其与其他学科的关联。这难道不正是精神分析何以成为精神分析的缘由之所在吗？

居飞

2024年春

"精神分析与人文"丛书

学术委员会

目 录

推荐序一 李新雨 / 1

推荐序二 蓝江 / 11

引言 洛克的蛇妖 / 1

第一章 导论 / 7

第一部分

第二章 智能的愚蠢 / 23

第三章 人工对象 / 62

第四章 性的深渊 / 103

第二部分

第五章 我能够知道什么？人工享乐 / 149

第六章 我应该做什么？苦难政治学：从萨德到基里安 / 176

第七章 我可以希望什么？繁殖、复制与不朽 / 203

第八章 结论：人是什么？在数元和焦虑之间 / 233

参考文献 / 246

参考影像 / 256

索引 / 257

图 表

图 3.1　对象 a 与抽灵机　/ 81

图 3.2　部分冲动表　/ 99

图 4.1　性化图示　/ 115

图 4.2　四大辞说　/ 127

图 4.3　四元结构　/ 127

图 4.4　什么是性机器人？　/ 144

图 8.1　人是什么？　/ 245

推荐序一

今年暑假，我应好友陈劲骁老师的邀请，为他新翻译的《人工智能的精神分析》一书作序，不得不说，我在欣喜之余也有些许惶恐。欣喜是因为本书是目前在拉康精神分析的“外密性”领域中极具开创性和前沿性的一部哲学著作，而惶恐则是源于我自己长久以来对人工智能和科技发展给未来生活带来不确定性变化的隐忧。毕竟，每当我们面对新生事物的出现，都总是可能同时伴随有好奇与焦虑的情绪，因而当我在本书引言中读到“洛克的蛇妖”时，这个思想实验一下子就吊起了我的胃口！

回到大背景上来说，事实上，近几年来，西方学术界中也突然涌现出了很多关于精神分析与人工智能的跨学科研究，除了英国“网红”哲学家伊莎贝尔·米拉在2021年出版的这部著作之外，其中最具代表性的还有葡萄牙哲学家卢卡·波萨蒂的《算法无意识：精神分析如何有助于理解人工智能》（2022）与

《无意识网络：哲学、精神分析与人工智能》(2023)。值得一提的是，波萨蒂是把法国哲学家拉图尔的科学人类学与行动者网络理论结合于拉康的精神分析思想来重新诠释人机交互的算法无意识或无意识网络，而与之相应的思想方法则被他称为“技术分析”，特别是他还论述了对AI的无意识认同何以是在人类发展中继镜子阶段的“想象性认同”与俄狄浦斯情结的“象征性认同”之后的第三阶段。另外，他还提出要围绕人机交互中的转移问题来思考人工智能与精神疾病之间的关系问题，例如：人工智能是否有助于诊断并治疗精神疾病？AI系统是否会模仿乃至再现人类的精神疾病？换言之，人工智能是否会“生病”？进而，我们是否可以将“神经症”的范畴（理解为对环境缺乏适应）与“精神病”的范畴（理解为与现实的关系的改变，例如妄想与幻觉等）应用于人工智能？是否可能会出现“错误计算”或“人工偏能”的新型病理学？最后，人工智能是否可以成为“后人类主体”的“圣状化增补”？这些都是非常值得研究的前沿性问题。

相比之下，米拉的这部著作在我看来则更具思想的颠覆性，因为她绕开了哲学传统上对于人工智能领域中语言和思维等问题的常规探讨，而是更加激进地从拉康的晚期著作和当代拉康派的理论发展出发来探讨精神分析与人工智能之间的外密性关联，尤其是她把拉康的“性化逻辑”理论和“性的非关系”概念直接应用于讨论人工智能的享乐问题。从某种意义上说，这些研究的进展皆在外密性的维度上极大丰富了拉康精神分析理论的概念性内涵与思想性外延，从而给长期以来在临床精神分析领域中稍显封闭的“拉康圈”开辟出了一个全新的“异度空间”，或者毋宁说是一个类似于“漫威宇宙”的“拉康宇宙”。而这也意味着，我们一方面需要经由拉康精神分析思想来理解当代“数字文化”的突飞猛进，另一方面也需要反过来通过“赛博格”与“后人类”的领域来重新定位拉康精神分析思想的当代价值。

就本书的内容而言，米拉在精神分析与人工智能的外密性关系上为我们提供了一份在很大程度上兼具实验性与思辨性的哲学研究。她的全书布局逻辑清晰，立论层层递进，阅读起来也是节奏明快。特别是她还借鉴了后拉康理论发展中的一些当代前沿思想，例如阿兰·巴迪欧和芭芭拉·卡森针对《冒失鬼说》中“性的非关系”的讨论，雅克-阿兰·米勒在《享乐的六种范式》中对“享乐”概念的梳理，洛伦佐·基耶萨在《拉康的非二逻辑与上帝》中对“享乐”概念的发展，以及阿伦卡·祖潘契奇在《实在的伦理》与《什么是性？》中对“性化”理论的推进，等等。除此之外，米拉还援引了一系列脍炙人口的科幻影视作品来充当其讨论的媒介，例如《黑镜》《她》《2001太空漫游》《银翼杀手2049》《机械姬》《西部世界》《攻壳机动队》与《人工智能》等，这些电影叙事的幻想空间无疑也都在很大程度上丰富了其理论文本的可读性与趣味性。

在本书中，米拉极其雄辩地向我们指出，正如人类的语言和性欲在某种意义上都是人工的那样，智能作为言在的属性也首先总已经是人工的了。她以互联网论坛上“洛克的蛇妖”这一思想实验（即超级人工智能在未来是否会惩罚在今天阻碍人工智能发展的人类）作为全书的开篇，并在全书的结论中又重新回到了这个蛇妖的形象上来，认为它是“我们对属于AI的大他者享乐的最深恐惧的缩影”，从而给她的运思划出了一条“莫比乌斯带”似的轨迹。套用鲍德里亚在《拟像与模拟》一书中提出的概念来说，我们就不该质疑我们是否作为“拟像”的数字生命生活在一个“模拟”的虚拟世界里，因为那样很可能会促使我们的“赛博主人”最终关闭我们赖以生存的“矩阵”系统。从某种意义上说，假设“蛇妖”或“奇点”的存在，就是在预设一个绝对大他者的担保。

在米拉看来，人工智能正在我们当前的文明化进程中成为社交纽带的重要元素，或者说人工智能已然成为精神分析的莫比乌斯式内核。因而，她便在本书的导论部分借由米勒的教学引入了拉康的“外密性”概念，这个概念通常会令人想到“无意识是大他者的话语”这一著名的拉康式论断，亦即我们存在的中心位于我们自身之外的无意识拓扑，但米拉还试图指出：“言说的身体与人工智能在物质性的层面上应被理解为一种外密的关系。”换句话说，作为言在的无意识主体（一个能指为另一能指所代表），我们的主体性作为能指链条运作的效果本身就是人工或非人的产物。正如拉康早期曾在《关于〈被窃的信〉的研讨班》中运用控制论的01逻辑提出了“能指网络”和“象征机器”的概念，我曾将其称作“赛博无意识”，套用拉康的著名格言，我们也可以说："无意识如同一种算法那样被建构。"实际上，这一点也呼应了当代法国哲学家卡特琳娜·马拉布在其《变形智能：从智商测量到人工大脑》(2019)一书中的论断，即人工智能是继哥白尼的日心说、达尔文的进化论和弗洛伊德的精神分析之后针对人类自恋的第四次打击。米拉在第二章《智能的愚蠢》中对马拉布的观点进行了引述，不过，她在回应马拉布的结论时却也诘问道："为什么由于AI是对人类的第四次打击，机器就无法从事政治、伦理行为或建立共同体？"从而指出马拉布也不巧落入了她警告别人不要落入的陷阱，亦即"将人工智能视为某种完美的球体，离散的、不可知的和绝对的大他者"。

当然，米拉在本书中最卓越的贡献，无疑是她发展了拉康的"抽灵机"(lathouse)与"真理球"(aléthosphère)概念。陈劲骁老师巧妙地对这两个词进行了翻译，因为这两个概念都是拉康在其《研讨班XVII：精神分析的另一面》中创造的新词，可以说是拉康晚期理论著述中最难把握也最难定义的概念，甚至我们都不能将它们称作"概念"，因为无论是拉康本人还是他的弟子，都没有将它们制作成严格意义上的概念。在对这些概念展开讨论的第三章《人工对象》中，米拉从英剧《黑镜》中的"方舟天使"出发，这个故事论述了一位偏执狂的母亲如何将一个智能装置接入自己女儿的大脑来对其进行"保护"。米拉把这个名叫"方舟天使"的智能装置与拉康的"抽灵机"联系了起来，这是拉康在1970年谈论录音机时创造的新词，后来又泛指各种新奇的“小装置”，它能够将我们的享乐从身体中抽离出来，以供日后在其他地方使用。由抽灵机抽取出来的享乐因而就被储存在“真理球”中，该词是从海德格尔将真理视作“去蔽”（aléthéia）的概念中发展而来的。因而，我们便可以将抽灵机联系于我们的数码装备，例如智能手机作为我们身体延伸的外挂或义体，而将真理球联系于互联网的“云空间”或“元宇宙”，等等。因此，这个抽灵机与真理球的对子也说明了我们在社交媒体上过度自我暴露和要求网络隐私的悖论：一方面，我们可能会强制性重复地在网络上与他人分享我们的日常数据，以便自恋性地显示我们的存在，因为这些数据代表着我们所拥有的享乐；而另一方面，我们又可能会担心一个监视性的大他者在窃取我们的数据，或是嫉妒我们的数据比我们的生活拥有更加美好的“存在”……

米拉的论述还充满了鲍德里亚式哲学的底色和基调，尤其是她在第三章结尾处将鲍德里亚的“淫秽机器人”与拉康的“声音”（= 对象 a）概念联系了起来，并以此来讨论斯派克·琼斯导演的科幻电影《她》（2013）。在这部电影中，男主人公西奥多爱上了他自己创建的一个操作系统“萨曼莎”，而后者只是一个可以定制女友的甜美声音的无实体人工智能。于是，与人工智能相爱的可能性便导致米拉在第四章《性的深渊》中转向了对拉康的“性化公式”和“性的非关系”的讨论，根据基耶萨和米勒对“享乐”概念的发展探讨人工智能的享乐问题。基耶萨在其《非二》一书中将拉康的享乐概念区分为四种范畴，包括男性的阳具享乐、女性的阳具享乐、无性的天使享乐和非性的女性享乐；米勒则提出了享乐在拉康思想发展中的六种范式，包括想象化的享乐、能指化的享乐、不可能的享乐、正常的享乐、话语的享乐与非关系的享乐。在这里，我不得不坦率地说，“享乐”概念的这些变体就像新冠病毒的不断变异那样既令人充满焦虑，又令人倦怠不堪，好在它再怎么变异也都离不开拉康亲自区分出来的两种基本享乐类型，亦即男性化的“阳具享乐”与女性化的“大他者享乐”。正是通过对“性化逻辑”和“性的非关系”的讨论，米拉在米勒的基础上又暗示出了第七种享乐范式的可能性，亦即性机器人的享乐。因而，在第四章的结尾，米拉提醒我们要严肃对待“这个向我们展示了性差异之谜的非人类、非生命智能的幻想”。

继而，在第五章《人工享乐》中，通过对《机械姬》和《银翼杀手》这些科幻电影的讨论，米拉又向我们指出，性机器人并非只是男人的性幻想，它更是针对阳具中心的AI理论和人类中心的例外主义的最大挑战。首先，米拉通过参照图灵测试中隐含的“性别”问题，将人工智能是否“知道”的问题转向了人工智能是否“享乐”的问题。值得一提的是，米拉将《机械姬》的英文标题“Ex Machina”（亦即古希腊戏剧中的“机械降神”）改写作“$ex Machina”，而陈劲骁老师则创造性地将该词译作“机械女支”。在这里，人工智能作为一种“症状”，呈现出了女性化的享乐逻辑，它是一种“不知道的知道”，亦即一种享受其症状的无意识。继而，米拉又指出，电影《银翼杀手》里的复制人从根本上说都是精神分析意义上的癔症主体："这正好遵循着拉康的主体性的结构逻辑：我在我不思之处，或我将往对象 a 之处。"

然而，在我看来，米拉最重要的哲学洞见则是她在第六章中提出的"苦难政治学"，这一概念是对从福柯到阿甘本的"生命政治"的哲学延伸，据说也是她自己下一部著作的标题。在本书中，她极具创造性地通过拉康在《康德同萨德》和《精神分析的伦理学》研讨班中提出的伦理学思想来思考人工智能的死亡问题，尤其是她将性机器人的不死身躯类比于萨德小说中受难者介于两种死亡之间的"非人"状态，并通过美剧《西部世界》和电影《攻壳机动队》来对此展开论述。在这里，米拉还借鉴了齐泽克和诺布斯对《康德同萨德》的讨论，把女性身体的受难和对萨德式浪荡子的批判当作性机器人伦理的开端。继而，她还在第七章里经由人工智能的繁殖、复制与不朽讨论了人类种族的延续问题，特别是"当人类根本不必通过性行为来生育时，会发生什么?"。这个问题无疑会让我们联想到由"代孕"提出的亲子关系的变迁问题，而这在精神分析的临床上是有其严重后果的，因为在弗洛伊德的时代，"只有母亲的身份是确定的，而父亲的身份是不确定的"，但是随着科技和医学的发展，现在一切都颠倒了过来：父亲的身份可以通过基因测序来确定，而母亲的身份则因为代孕的母体而变得模糊。在文明化进程的这一趋势之下，当代精神分析的临床便不再是主要面对俄狄浦斯情结的三元情境，因为"父母身份"出了问题，面对“父名”的排除和“母性”的吞噬，孩子只能依靠一些体外化的技术装置来抵挡大他者享乐的焦虑性入侵。因而，在米勒提出的“日常精神病”时代，米拉似乎暗示说，我们可以将人工智能提升到一种“圣状”的地位，这一点在我看来是非常有趣的。

最后，在第八章的结论部分中，米拉又通过斯皮尔伯格的电影《人工智能》中描绘的“人工智能儿童”的形象深入讨论了卡在“数元和焦虑之间”的人性问题。令我印象颇为深刻的是，在电影的最后，外星人通过读取主人公大卫的记忆，给他复现了他所失去的“人类母亲”，从而把他变成了母亲欲望的绝对对象：“那天晚上，在他们躺下睡觉之前，她告诉他她爱他。最后一次，也是第一次，大卫可以睡觉了，正如叙述者告诉我们的那样，他进入了梦境：大卫终于拥有了一个无意识。”对此，米拉写道：“他愿意为‘人类’之爱等待一个永恒。”这个从机器“AI”到人类之“爱”的滑动令人无比动容。而在本书的结尾，米拉以一种博罗米结的方式处理了康德的三个问题，她将象征界的“知识”（“我能够知道什么？”）联系于“性的非关系”，将实在界的“行动”（“我应该做什么？”）联系于“抽灵机”，将想象界的“希望”（“我可以希望什么？”）联系于人工智能，而将三界中心的“圣状”（性机器人）联系于“人是什么？”的问题。作为结论，我们或许也可以将拉康《研讨班 XX：再来一次》中的“女性欲望”图示放到这里来讨论：

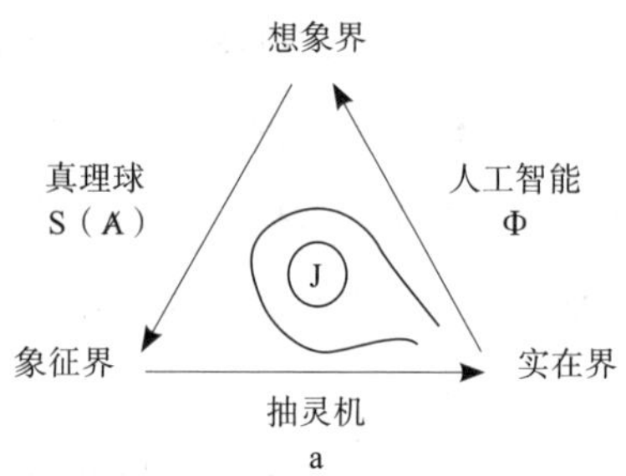

在这个图示中，我们可以将人工智能置于从实在界指向想象界的阳具（Φ）的位置上（它代表着科学主义想要征服实在界之不可能的终极幻想），而将抽灵机置于从象征界指向实在界的对象 a 的位置上（它代表着享乐主义妄图通过各种“小装置”来计算人类欲望并提供无限享乐的技术生产），至于真理球，我们则可以将其置于从想象界指向象征界的大他者中缺失的能指 S（Ⱥ）的位置上（它代表着资本主义旨在让人类遗忘其自身存在的系统性圈养）。可以说，科学主义、享乐主义与资本主义的“缝合怪”共同构成了我们的现代性，而它则集中体现在米拉式性机器人的怪怖形象之上，因而，我们便可以把性机器人摆在中间的享乐（J）的位置上（它代表着从根本上总是逃离系统并拒绝奴役的“后人类主体”）。

止此，以我之浅见飨读者，希望本书可以开启诸位幻想的“脑洞”，也期待读者在读完本书之后可以享受你的“AI”。

李新雨

2023 年秋，于南京

推荐序二

可以对人工智能进行精神分析吗？或许，在以前，这是一个十分荒谬的问题。在弗洛伊德的时代，我们几乎不会问，可以对机器进行精神分析吗？但随着ChatGPT、Midjourney、Sora、文心一言等通用大模型和生成式人工智能的出现，我们看到的不再是随着固定的节奏运转的机器，而是一个仿佛无所不在、无所不能的整全的人工智能整体，在那一刻，我们似乎回到了沃卓斯基姐妹的电影《黑客帝国》的母体之中，它们掌握着我们的奥秘，掌握着我们的享乐，我们的身体通过一根导管连接到一个母体当中。人工智能时代的精神分析意味着，那些被母体剥夺了或侵入了一些享乐的身体，成了最抽象的样本，在数据化的全景监视之下，他们的欲望和对象a一览无余，再也没有例外，再也没有偏斜的克里纳门，有的只有新世界的智能物理学和生物学，人的精神被还原为一种抽象的物质基础，在无限的真理球的视阈下蠕动着。

记得在2023年ChatGPT刚刚兴起的时候，对生成式人工智能的讨论就成为一个热门话题。当时我写过一篇文章《ChatGPT是否会吞噬我们的剩余快感——人工智能时代的病理学分析》。在这篇文章中，我思考的问题是，ChatGPT实际上被人类，尤其是人文学科的知识分子，在想象界层面上神话化了，成了一个崇高的对象。我们将一种高于人类的圣状套用在生成式人工智能身上，造成了一种爱欲与恐惧的结合体，类似于萨德笔下的形象。一方面，人工智能成为人类知识和能力的想象性投射，另一方面，这种投射又缔造了一种恐怖的形象，让人类处于惴惴不安的形态之中。于是，这样的人工智能，与其说是其真实形象的展现，不如说是人类将自己的欲望和对象a投射在一个未知事物之上的表达。ChatGPT成为象征界的一个X，一个无所不能的父之名，在这个巨大的父之名之下，它一点点地抽干了我们的剩余快感或享乐，成了一个真实的抽灵机。换言之，由于人文知识分子对人工智能的未知或者神秘化的想象，我们将无脸的大他者套上了人工智能的面具，这个面具，用德勒兹的话来说，就是将不可言说的事物颜貌化，让这种颜貌化的对象成为象征秩序的主宰，它不仅主宰着可见的秩序，如法律、道德、语法、文字、影像等，也支配着无意识的想象。就如同我们在使用抖音和快手等短视频软件时，总认为存在着看不见的算法，透析了我们所有的欲望，并通过一个又一个短视频，将我们的隐性的欲望以显性的影像方式呈现出来。

在那一刻，我们的欲望被抽干了，本应该被遮蔽的享乐，成了无蔽（aletheia）状态下的可见之物。人类再没有奥秘可言，那些看似隐秘和玄妙的对象a，在带着人工智能面具的大他者之下，变得一览无余。所以，在人工智能时代进行精神分析是一件很怪异的事情，因为精神分析师面对的话语和辞说，今天已经被智能设备给影像化和可视听化了，奥秘成了最外在的事情，而以前的惯常和规范却日益变得模糊。这就是经由齐泽克改写过的黑格尔辩证法：当实在界的运动达到了象征界的观念时，象征界的观念也随之摧毁，让实在界的欲望潮涌而出。无论是鲍德里亚意义上的性机器人，还是短视频的算法策略，都以一种明晰的方式将欲望和对象商品化和象征化，那一切言而未述的东西，变成了可以交易的商品，那不可名状的欲望，变成了算法层面上运行的字符串。

所以，当我看到陈劲骁老师翻译的伊莎贝尔·米拉的《人工智能的精神分析》一书，有一种莫名的亲近感，我似乎从中能够看到在今天的人工智能讨论中，究竟是什么被遮蔽，什么东西被神话化成一种圣状，这种圣状支配着我们的欲望和享乐。一般来说，拉康的精神分析理论并不好读，我自己曾研读过一些拉康的著作，的确被里面纷繁复杂的专业词汇给劝退了。后来对拉康的诸多分析著作，也更多的是敬而远之。但在去年，陈劲骁老师找到我，希望我给他的这本译著撰写一篇推荐序，我毫不犹豫地答应了，因为这个选题的确有趣。在拿到陈劲骁老师的译稿之后，我一方面发现米拉的这本《人工智能的精神分析》并不难读，里面列举了大量通俗的影视作品，如《黑镜》中的《方舟天使》一集，还有大家耳熟能详的《机械姬》《2001太空漫游》《她》《银翼杀手2049》《西部世界》《攻壳机动队》等作品，让这本书读起来不那么沉闷，不局限于抽象概念的推演和演绎，这无疑增添了人们对在人工智能时代如何开展精神分析的思考兴趣。另一方面，陈劲骁老师译笔醇厚，精神分析术语翻译准确，如外密（extimate）、抽灵机（lathouse）、真理球（alethosphere）、废爱（trashitas）、操感（operceive），等等，这些概念，陈劲骁老师不仅给出了自己的译法，也通过中译注的方式详细地解释了这些概念的来历和如此翻译的缘由。这对那些不熟悉拉康术语的读者来说，是一个非常友好的设定。

我比较感兴趣的是抽灵机和真理球的设定，例如真理球涉及海德格尔在解释存在问题的时候谈及的“无蔽”，无蔽状态是没有任何预先设定的未遮蔽状态，而我们的任何知识都在一定的知识型（episteme）之下，遮蔽了某些实在的部分，被还原为可理解、可认识、可传达、可分析的概念，这些概念固然可以在象征界中变得十分清晰，逻辑十分通顺，但它是以阉割了某些无法在象征界中呈现的对象为代价的，这意味着我们的知识，包括眼下米拉的这本书，都是在一定的知识型下被阅读的，也意味着我们欲望的某种对象被阉割了，没有处于充分的无蔽状态。如果我们要看到被阉割的对象，那么就得去蔽，在一种澄明之境中来把握实在。但今天这种无蔽状态的真实，并不在个体的冥思和澄明之中，而是在人工智能的算法奠基之中，这也意味着，在人类象征秩序阉割的程序之外，诞生了另一种外在于人类的新象征秩序，那些在人类的象征秩序中无法言说的对象 a，可以在人工智能的象征秩序中呈现出来，尽管只是以算法和算符的方式。那么，这个新的象征秩序就成了一个真理球，真理球的实际意义就是一个无蔽状态的范围（sphere），曾经它处于实在界的无尽黑夜当中，而在算法的光亮中，它被照亮，但这种亮光并不属于人类的眼睛，也不可能透入人类的知识型之中，它就是在物体与物体的数据流的交换和运算中成为无蔽的澄明的。

随之而来的一个更为有趣的问题是，一旦算法的新象征秩序呈现，原先在人类无意识和意识之中呈现的象征秩序中那些被阉割的部分势必就不复存在了。那些被阉割的对象 a，实际上是人类快感和享乐的来源，一旦我们在象征秩序上无法找到对应的能指，那么对象就会渗入实在界，在享乐的基础上生产出欲望。由于被阉割的对象 a 的绝对丧失，无蔽状态的真理球就成了抽空剩余快感和享乐的抽灵机，我们就像《方舟天使》中的女儿莎拉一样，一切都是被设定的，一切都是被干预的，没有剩余的快感，也没有任何绝对的例外。我们隐藏的性欲早已被加工成性机器人，我们的暴力欲望也在电子游戏中得到了兑现。如果我们仍然囿于传统的象征秩序的缧绁，仍然在传统的知识和文化中浸淫，那么我们的命运只有变成人工智能抽灵机下的僵尸。

一切都是智能的，一切都是愚蠢的。阿甘本在谈到“第一哲学”时，发现那个预先设定的认知实体实际上是一个生命政治的装置，也就是说，它告诉我们什么是愚蠢的，绝对不能触碰，而什么是智能的，是人类前进的方向，人类在这些召唤下沿着古代知识型设定的道路前进。米拉这本书的一个贡献就在于提出了愚蠢的就是智能的，因为当我们觉得某些东西是愚蠢的时候，实际上我们已经处于一种象征秩序的支配之下了。所以，我们不仅应当看到人工智能的抽灵机在剥离人类的享乐，也应该看到，这是人类知识演变的前奏，那些将愚蠢和智能分开的象征秩序从此分崩离析，转而求助于一种新的潜能，人类也因此可以开启通向后人类主义的可能性。我相信，陈劲骁老师翻译的这本《人工智能的精神分析》不仅仅可以帮助我们理解当下人工智能为人类的意识和知识带来的挑战，从精神分析的视野来思考人类无意识的精神世界的奥妙，也可以让我们思考如何借助人工智能的新象征秩序来突破大他者在人类意识上设置的藩篱，来凸显人类超越自身极限的潜能。

蓝江
2024 年 7 月

引言　洛克的蛇妖 vii

2010 年，在 *LessWrong* 论坛上，一个名叫洛克的用户提出了一个思想实验。他假设，在未来，一个全能的超级智能 AI 可以回溯性地惩罚所有在过去没有尽其所能帮助创造超级智能的人。即便只是持有这个想法，而没有推动超级人工智能的发展，你都会让自己暴露在这样一种可能性中，即它会推断出你没有按照使它生存的义务行事（该实验的一个矛盾的道德基调是，这个 AI 是一个仁慈的人工智能，其任务是保护人类，因此那些不帮助其同伴生存的人是怀有恶意的）。蛇妖（Basilisk）的亚伯拉罕式的复仇本性意味着，在未来，它可以再度创造出一个模拟，来永远折磨那些曾经让它面临生存危机的人。蛇妖的旧约式风格很明显：他很好，但前提是，这是你应得的。

尽管这个故事听起来很荒谬，但它引发了该网站创始人兼加州机器智能研究所（MIRI）所长埃利泽·尤德科夫斯基（Eliezer Yudkowsky）的愤怒。尤德科夫斯基认为，洛克打开了一个潘多拉魔盒，里面装着在过去难以想象的痛苦。这些东西可能会让他博客的可怜读者成为受害者。在回应洛克的帖子时，他说：

> viii 仔细听好了，你这个蠢货。
>
> **你绝不能去想“超级智能要不要勒索你”这件事的具体细节。这是唯一一件可能会让它们真的决定勒索你的事情。**
>
> 要想提出一个真正危险的点子，你得是个真正的聪明人才行。但令我感到沮丧的是，这些聪明人居然笨到连**闭上他们愚蠢的嘴巴**这样最显而易见的事都做不来。为什么呢？因为在和朋友聊天的时候，让自己看上去睿智聪颖似乎更加重要。
>
> 这个帖子**蠢透了**。[1]

该帖子随后被删除，所有关于蛇妖的言论在五年多的时间里都被禁止在网站上发布。但蛇妖已经在论坛的用户中造成了严重恐慌，其中许多人开始出现心理问题。对蛇妖未来存在的偏执恐惧如今已经成为一个介于都市传说和真正的哲学辩论之间的话题，更不用说它受到了目前推动 AI 研究的一些科技企业家和科学家的重视。蛇妖背后的逻辑甚至（虚假地）得到了无时间决策理

1　见 David Auerbach 2014。

论[1]和贝叶斯概率[2]的支持。

事实上，尤德科夫斯基（2010）已经详细地讨论了关于蛇
妖问题的理论，甚至引述了拉康（2006a）在讨论逻辑时间时
所阐述的囚徒困境。囚徒困境是博弈论中的一个思想实验：为
了获得自由，几个囚徒的最终行动将取决于彼此之间的预先
决定。拉康以这一困境为例，说明了时间的三重结构在所谓
理性思维的概念中蕴含的作用——他称之为看到的瞬间、理解
的时间和结论的时刻。因此，虽然逻辑时间不是客观的，但 ix
这并不意味着它不能根据严格的结构来表述；主体间的逻辑
是建立在犹豫和紧迫之间的辩证关系的基础上的。在洛克的
自创生蛇妖中，我们看到了一种逻辑，它可以被称为**超迷信**
（*hyperstition*）。

“超迷信”一词由沃威大学控制论文化研究所（CCRU）提出，至今仍是加速主义运动[3]的主要概念之一。《加速：加速主

1 无时间决策理论（Timeless Decision Theory，TDT）是埃利泽·尤德科夫斯基开发的一种决策理论，其主要观点是，决策者应该像决定他们实现的抽象计算的输出一样进行决策。这一理论试图表明，理性应该是关于获胜（即决策者实现了他们想要的目的）的决策。现有的著名决策理论（例如因果决策理论）在某些情况下无法实现真正的获胜决策，因此需要开发一种更成功的理论。——译者注

2 贝叶斯概率（Bayesian Probability）是由贝叶斯理论提供的一种对概率的解释，它采用将概率定义为某人对一个命题的信任程度的概念。贝叶斯理论同时也建议根据新的信息导出或者更新现有的置信度的规则。——译者注

3 加速主义是一种政治与社会理论，认为资本主义制度或历史上某种与技术相关的社会进程应该被急剧强化，以产生巨大的社会变革。当代的加速主义哲学以德勒兹和加塔利的理论为起点，旨在强化加速去领域化的力量，以克服阻碍深远社会变革可能性的对抗趋势。——译者注

义政治宣言》(*Accelerate: Manifesto for Accelerationist Politics*)的作者尼克·斯尔尼塞克(Nick Srnicek)和亚历克斯·威廉姆斯(Alex Williams 2014)参照了鲍德里亚的“超真实”[1]逻辑,将“超”(hyper)和“迷信”(superstition)结合在一起,指的是一种能够通过反馈回路的工作将自身带入现实的叙事,这一叙事会产生新的社会政治吸引力。洛克的蛇妖据说就是按照这种超迷信的逻辑运作的。作为帕斯卡尔赌注[2]的一种计算形式,这一奇点超智能的概念需要建立在诸多前提之上才能够实现。首先,它需要具备一种对所有数据进行绝对和全面回忆的能力;其次,它还需要模拟每一个历史上的生物以折磨它们的能力;最后,模拟物与主体是等价的。然而,正如安娜·特谢拉·平托(Ana Teixera Pinto 2018)指出的,蛇妖带有神学性和偏执色彩的功能意味着:

> 将 AI 拟人化为一种俄狄浦斯怪兽[……],将编码拟人化为一种雄性的种子。那些寻求预测可能性的数学证明的人并没有抓住要点。洛克思想实验的内容是象征性的,

1 “超真实”是一个后结构主义概念,由法国哲学家鲍德里亚提出,指的是“真实”的概念发生变迁,导致原本为了再现真实而发明的记号和符号之间出现混乱的一种文化状态,以及对共识现实的直接感知。超真实描述的是这样一种情况:由于文化和媒体挤压了对真实的感知,以往被视作“真实”的东西和被视作“虚构”的东西,在实际体验中已无缝融合,两者之间不再有任何明显界线。——译者注

2 帕斯卡尔赌注是 17 世纪法国哲学家帕斯卡尔提出的一项哲学论证。该论证认为,理性的个人应该相信上帝存在,并依此生活。因为若相信上帝,而上帝事实上不存在,人蒙受的损失不大;而若不相信上帝,但上帝存在,人就要遭受无限的痛苦。——译者注

> 而不是科学性的：它通过暗号和寓言来说话。（p. 19）

特谢拉·平托强调了俄狄浦斯逻辑在蛇妖假设中的作用，除此之外，我们还可以补充一点：对终极数学化的一的想象所涉及的阳具享乐不可避免地是一种无与伦比的男性逻辑。蛇妖是焦虑的终极标志：不可能的对象既是欲望的原因，也是彻底的毁灭。在这一点上，可怜的人类被困在折磨他的有限肉身和不可避免地成为的无限模拟之间。在这种对奇点的猜测中，拉康 x
（2006b）在《功能与场域》（*Function and Field*）中描述的未来前路似乎非常关键：

> 在我的历史中被认识的，既不是我所曾是的确定过往——因为它已经不复存在，也不是我所正是的当下完美，而是我所将是的未来前路，因为那是我正在成为的样子。（p. 247）

通过洛克的蛇妖逻辑，我们可以发现，本书试图描绘的是AI和精神分析之间的莫比乌斯式结构[1]。这是一种拓扑结构，在

---

1 莫比乌斯带是只有一个表面和一条边界的曲面，是一种重要的拓扑学结构。通过拿取一个长条的矩形纸带并且将其扭转，然后再接合两端，就能制作成一条莫比乌斯带。与普通纸带具有两个面（双侧曲面）不同，这样的纸带只有一个面（单侧曲面）。可以说，这一图形颠覆了我们表现空间的正常方式。——译者注

人们前行的道路上，它总是不可避免地将我们带到一个相反的方向：它的**外密**（*extimité*）[1] 内核。

1 拉康通过把前缀 ex（即“外部的”）叠加于法文单词 intimité（即“内在的”“亲密的”）而创造了 extimité（即“外密性”）这个术语。这个新词巧妙地表达了精神分析以何种方式问题化了内部与外部、容纳者与容纳物之间的对立，表征了某种离心化、去中心化的状态。例如，在本书中，精神分析作为相对于人工智能的外部学科，内隐着后者的问题意识的核心。——译者注

第一章　导论 1

> 非人类智能的比重正在增加。最终，我们将只代表一小部分智能。
>
> ——埃隆·马斯克（2018, online）

人工智能的精神分析，多么奇怪的命题。这可能意味着什么？这两个术语的含义本身就很难自明，更不用说它们之间的关系了。一边是精神分析：它既是一种临床实践，又常常是一种文化批判的模式和哲学的战场；另一边则是人工智能[1]：一项虽始于20世纪50年代，但其文学、文化和幻想起源可以追溯到几个世纪前的技术科学“发明”，其理论潜力也持续引发着激

1 “人工智能”一词最早的创造者是计算机和认知科学家约翰·麦卡锡（John McCarthy），他在1956年达特茅斯学院的一次研讨会上提出了这一概念。其他工作坊的参与者，包括艾伦·纽厄尔（Allen Newell, CMU）、司马贺（Herbert Simon, CMU）、马文·闵斯基（Marvin Minsky, MIT）和亚瑟·塞缪尔（Arthur Samuel, IBM）等，很快成为早期人工智能研究领域的奠基者和领导者。

烈的哲学辩论。在这本书中，我认为人工智能和人造大脑的发
明有望将神经科学从生物学中、将思想从身体中分隔开来。伴
2 随着这一过程，旨在模拟和超越人类智能的具身 AI 形式的发
展前景快速地卷入了对精神分析主题的讨论当中。同时，本书
认为，精神分析是理解 AI 对我们作为说话的、有性的主体来
说意味着什么的关键工具。简而言之，AI 和精神分析彼此之间
存在着一种**外密的**关联。

通过对智能、人工对象和性深渊的重新概念化，我们设想出了一个存在于精神分析和 AI 的边界之上的形象：性机器人（Sexbot）。它打破了我们的幻想世界，实现着我们对与人工智能一起或通过人工智能生活的可能性的猜测。在它的帮助下，以及通过电影这个媒介，我们颠覆了康德的三个著名的启蒙问题：“**我能够知道什么？**”“**我应该做什么？**”和“**我可以希望什么？**”。最终，我们的问题从“**它能够思考吗？**”转变为“**它享受吗？**”。

由于固有概念上的跨学科性，AI 及其辞说似乎具有模糊科学与科幻之间界限的独特能力。它被嵌在幻想和大众科学[1]的丰富历史当中，与之相关的内容自古以来都是哲学反思的主题，其以各种形式出现在整个西方思想和文学史中[2]，以至于我们往往很难分辨 AI 的科学从哪里开始，而其科幻又在哪里结束。直到如今，仍没有一个统一的理论来指导我们从事人工智

1 即不严谨的、非学术的科普知识。——译者注

2 我们可能会想到奥维德的《皮格马利翁》(*Pygmalion*)、传说中笛卡尔的机器人女儿法兰辛（Kang 2017）、梅尔策尔（Maelzel）的国际象棋自动机和恰佩克（Čapek 2004）的《罗梭的全能机器人》(*Rossum's Universal Robots*)，此处仅举几例。

能研究，因为人工智能能够渗入包括计算机科学、信息论、数学、神经生物学、心理学、语言学、逻辑和分析哲学等在内的各个领域。它的潜力和范围在科学上和概念上都是被文化理论、政治思想、伦理学、哲学甚至宇宙学不断争论的话题。考虑到人脑逆向工程在神经网络和深度学习领域及量子计算、纳米和生物技术等相关领域取得的快速进展，有些人——例如未来学家雷·库兹韦尔（Ray Kurzweil 2014）——预计，我们很快就将超越“自然的局限”，从而在“奇点”中达到科学与科幻的结合。另有些人则认为，我们即将进入“第四次工业革命”: 3
一个预示着数码、物理和生物世界逐渐融合的时代（Schwab 2016）。在《生命 3.0》(*Life 3.0*, Tegmark 2017）一书中，许多研究 AI 的哲学家和理论家认为，科幻将变成可怕的现实。这是一个概念性的领域，它提出了关于智能生命的概念、思维的本质、社会的纽带和“人类”构成的未来等复杂问题。在《超级智能：路径、危险和策略》(*Superintelligence: Paths, Dangers and Strategies*）一书中，尼克·博斯特罗姆（Nick Bostrom 2014）认为，如果我们忽略了他对有可能出现“哈尔 9000”[1]这样的人工超级智能——他指的是任何远远超过人类表现的智能——的警告，那么人类面临的将是一个可预见的黑暗未来。在他看来，超级智能存在的诞生可能会导致人类的灭绝。创造超级智能的风险在于，它将以人类无法理解的速度和规模运

1　哈尔 9000，出自电影《2001 太空漫游》及同名小说，是一台超级电脑的名称。——译者注

行，这可能会引发以毫秒为数字时间单位的智能爆炸，最终令其强大到足以意外（或故意）毁灭人类。博斯特罗姆不仅考虑到了AI被恶意应用的可能性——例如被黑客入侵的军事设备，或是由隐蔽地集中分布的纳米工厂根据命令制造出的杀戮设备，甚至是受雇去干AI干的脏活儿的人类“受骗者”。他还设想了一种场景：一旦AI达到统治世界的阶段，人类将只能沦为一种有用的原材料。正如他所说：“如果大脑中包含着与AI目标相关的信息，那么就可以通过对大脑进行拆卸和扫描，将提取到的数据传输到更高效、更安全的存储格式中。”（Bostrom 2014, p. 118）为了防止这种流氓超级智能的出现，博斯特罗姆在2015年与斯蒂芬·霍金一起代表生命未来研究所（The Future of Life Institute）签署了一封公开信，警告AI可能带来的威胁。签署者就23条原则达成共识，以确保人工智能的安全发展。然而，正如马克斯·泰格马克（Max Tegmark 2017）所列举的种种问题，人类对AI的未来存在诸多误解和异议。这些问题包括AI将在何时、以何种方式、以何种形式产生预期效用，及其进化过程将持续多长时间等。此外，所谓的超级智能出现的可能性仍然存在很大争议。然而，这并没有阻止一些人猜测它来临的日期。而“奇点”[1]指的就是这个假设的智能爆

1 该术语在1983年由科幻作家弗诺·文奇（Vernor Vinge）推广，并在其1993年的文章《即将到来的技术奇点》（“The Coming Technological Singularity”）中得到更广泛的传播。然而，根据戴维·查尔莫斯（David Chalmers 2010）的说法，“奇点”一词以多种方式指代不同的场景。在广义上，“奇点”指的是AI指数性增长的不可预测的后果；而在狭义上，该词则指“速度和智能走向无限”的点（p. 3）。

炸时刻。这是一条不归路，在那个时刻，人工智能将决定性地 4
超越人类智能，使已知的人类物种即便没有真正灭绝，也将被彻底淘汰。这一观点的主要倡导者库兹韦尔预计奇点将分两个阶段发生。到 2029 年，AI 有望达到人类水平或通用人工智能阶段，并成功通过图灵测试；到 2045 年，人类将通过与 AI 融合的方式，让其有效智能增加十亿倍。通用智能或超级智能的出现可能带来的范式转变甚至已经成为宇宙学的主题。盖亚假说的资深科学家和发明者詹姆斯·洛夫洛克（James Lovelock）在最近出版的《新世》(*Novacene*, 2019）中指出，人类世（人类获得行星规模技术的地质时期）已经结束，我们正在进入一个新的时代，即技术将继承宇宙“意识”的“新世”。在他的愿景中，比人类思考速度快一万倍的人工智能存在将成为地球的继承者和智能宇宙的守护者。对洛夫洛克来说，这种智能存在出现的假设意味着，我们需要保留那些有利于它们生存的环境条件，这尤其重要。因此，正如尤瓦尔·赫拉利（Yuval Harari 2017）所观察到的，关于 AI 未来的辩论的中心标志将是一个傲慢的问题：“谁才是新的‘神’——人类还是 AI？”

齐泽克（2020）表达了对将技术奇点视为某种本体论神学分水岭时刻的担忧。他指出，奇点的倡导者往往没有意识到，或者至少没有充分意识到的是，在从人类迈向后人类的过程中，消失的恰恰是一种根植于“有限与失败”的自我意识（p. 75）。关于因我们对后人类奇点的普遍看法而形成的明显悖论，齐泽克继续说：

> 从有限/必死的人类的角度来看，在某种意义上，后人类就是一个我们努力追求的绝对点，一个思维和行动之间的差距消失的零点，一个我成为**人神**（*homo deus*）的点。正是在这里，我们再次遭遇到一个与绝对擦肩而过的悖论：绝对是一个存在于有限性中的完美虚拟点，就像那个我们总是无法抵达的 X 一样。但在我们克服有限性的限制的同时，我们也将失去绝对本身。新事物会出现，但它不会是一种摆脱死亡和性欲的创造性精神——在通往新事物的这段路途中，我们肯定会失去这两者。（p. 158）

尽管齐泽克对奇点辞说问题的诊断是恰当的，在这里，我想做的并不是去重复齐泽克的观点，而是寻求一种建设性的富有成效的方式来处理我们与 AI 之间的精神分析关系。我不会试图解释人工智能的历史（或哲学）发展，但我会将人工智能普遍有效的定义描述为：**一种非人类的思维模式，无论是具身的还是离身的。它能够自主行动，而我们对其动机和意图未必有所察觉，甚至并不理解。**有人也许会说，这个定义也可以方便地应用于无意识的精神分析概念，而这种矛盾性恰恰就是本书的核心观点。回想一下拉康在《研讨班 II》（1988）中对奥塔夫·曼诺尼（Octave Mannoni）的批评，因为后者担心人类变得过于像机器：

> 别犯蠢。不要说机器真的很令人讨厌，它会扰乱我们的生活。这不是危在旦夕的事情。机器只是0和1的连续，所以关于它是否是人类的问题显然已经完全解决了——它不是。除此之外，还有一个问题是，人类在你所理解的意义上是否与所有人类都一个样。（p. 319）

在1985年至1986年间，雅克-阿兰·米勒（Jacques-Alain
Miller）在巴黎第八大学的精神分析系开设了他的“外密”课
程，其间，他将拉康的无意识逻辑描述为一种外向的内在性。
“外密”是一种外在和内密的组合，是拉康在《精神分析的伦理
学》（1992）中首次创造的词。尽管拉康在后来的研讨班中都没 6
有再明确地提及这个概念，但在米勒（1988）之后，外密的逻
辑可以说成了拉康工具论的基础。总的来说，它涉及的是掩盖
了主体性本质的内密的外在化，这一点最为清楚地表现在拉康
对莫比乌斯带的拓扑坐标、克莱因瓶和扭结理论的持续关注中。
无论如何，作为“大他者辞说”（1988, p. 89）的无意识不仅要
在外向的内在化方面得到理解，后者将“无意识深度”的概念
转变为一个拓扑空间问题，而且，正如本书所试图表明的，**言
说的身体**（*speaking body*）与人工智能在物质性的层面上应被
理解为一种外密的关系。

在一个人工智能正在成为社会纽带的重要元素的文明中，对AI的精神分析无疑是一种挑衅。这不仅要求我们质疑精神分析在严格的“人类”临床空间范围之外的意义，还要求我们

试图在反面表明精神分析以何种方式已经成为人工智能的外密部分。同样，我们迄今为止对AI的哲学和批判性思考可能一直忽略了精神分析的一个基本要素或实质内容，即享乐。享乐为我们提出了这样的假设，即两个同床异梦的人之间“消失的中介”正是性。对于精神分析及其对“痛苦”的临床治疗而言，性是一切问题背后的关键问题。但性不仅仅是一个症状上的“问题”，它还是一个哲学问题。因而就哲学的定义来说，这一问题并没有解决之道。对精神分析而言，性命名了认识论和本体论问题之间不可能的而又不可避免的冲突，它被界定为一切言说存在进入主体性的特征。所以，我们必须发问，对人工智能来说，性是什么？从大多数文献和与之相关的流行辞说来看，性只不过是我们对AI的幻想在表面上的一种拟人化变形而已。但这不正是重点吗？这种对AI的性的幻想掩盖了这样一个事实，即性**只是**一个掩盖现实本身的漏洞的幻想，或者用鲍德里亚的话说，性是作为一种模拟策略的掩饰问题。正如本书试图说明的那样，这种缺席带来了无法忽视的震耳欲聋的沉默。人工智能的“性”无处不在，正是性将人工智能变成了一
7 种存在。我们可以进一步用拉康的术语来界定这一点，即AI以真实的和幻想的多种形式存在，这些形式都是与能指的关系形式，或者更具体地说，是一种享乐的形式。通过对拉康理论的哲学关切及临床和概念的发展，本书旨在发展精神分析与AI之间新颖而建设性的相遇。在通过精神分析考察人工智能的进路上，本书将“性的非关系”（sexual non-rapport）作为一个

理论核心。我首先寻求推进对 AI 的精神分析式解读和问题化，将其作为一种关于“实在知识”的辞说。其次，我将开发一个新颖的概念网格，以探究 AI 对主体性、身体和社会纽带的物质影响。从这个意义上说，这个计划并不试图简单地为我们对 AI 的无意识恐惧、幻想或迷恋提供一种精神分析解释。相反，它试图严肃对待 AI 的实在维度。简而言之，这意味着从关注被划杠的主体和**对象 a** 到关注言说的身体和**人工对象**；拉康在《研讨班 XVII》中为人工对象起了一个临时名称——**抽灵机**（*lathouse*）[1]。抽灵机是一个未被充分理论化和未被充分运用的拉康式概念，它为我们提供了一种新的方式，来理解我们与 AI 在身体和结构上的关系。

那么，一个人要如何阅读构成本书标题的那句话呢？我们打算对 AI 进行精神分析吗？如果是这样，那意味着什么？或者说，我们在探究 AI 成为精神分析家的可能性吗？这就引出了我们如何将 AI 概念化为一个“思考之物”的问题。然而，我们应该注意的第一个歧义是这样一个事实：严格地说，精神分析只是作为某种需求的结果而产生的，这是接受分析者的主

1 “抽灵机”是拉康在《研讨班 XVII》中以造新词的方式提出的一个新概念。Lathouse 由 ventouse（吸盘）一词改造而来，该词中的 vent（风）与 vendre（售卖）发音相似，ousia 在希腊语中指实体或本质。因而对拉康来说，抽灵机是这样一种人工对象，它如同吸盘抽走了我们肺部的氧气一样，在不断抽空我们的享乐。拉康的灵感来自他在研讨班演讲时使用录音机的感受。在录音的时候，他的声音与身体发生了分离。在那个时代，智能手机乃至性机器人（可以被视为抽灵机的具现化）等发明尚未出现，拉康却预见了人工智能的未来，即言说的身体的享乐正在以一种资本主义逻辑的形式被不断抽空。——译者注

观且单一的需求，而这种需求恰好满足了分析家的欲望。对分析家来说，接受分析者的需求正是一个**对象 a**。这些基本要素导致了一种转移关系，后者带来了某种可以被界定为精神分析本身的东西。本书的一个悖论性赌注是，为了理解人工智能的利害关系，我们不应该转向后人类主义或超人类主义，而应该转向拉康式精神分析的颠覆精神（和反人类主义），将 AI 的“需求”作为我们的**对象 a**。

8 1973 年，雅克-阿兰·米勒在一次法国电视广播中采访了雅克·拉康。在该节目中，他就精神分析理论和实践的性质和价值向这位离经叛道的精神分析家提出了质疑。拉康的回答是惯常隐晦的，但仍然为细心的读者提供了他迄今为止的工作的隐秘概要，以及拉康式精神分析在当代世界中的地位。有趣的是，米勒的采访以他向拉康提出的三个康德式问题作为结束：**“我能够知道什么？”“我应该做什么？”**和**“我可以希望什么？”**。拉康对米勒的回应是敷衍的，因为在他看来，精神分析家与哲学家的角色是对立的。也许他回答的关键在前几页可以找到：他将圣人的功能对应于一种社会的**“废爱”**（*trashitas*）[1]（1990, p. 15）；他说，精神分析家采取的必要立场是**“对享乐的拒绝”**（p. 16）。在拉康看来，分析家不是要问康德式的问题，而是要让主体意识到他对这些问题的立场。康德的第四个问题

1　这也是拉康惯用的造词游戏。trashitas 由 trash（废料）和 caritas（博爱）组合而来。在拉康看来，圣人的功能是一种博爱，而这种立场正是一个分析家需要当作一种废料去避免的。——译者注

“人是什么？”在这次采访中并未被提及，但我们可以声称，它构成了贯穿整个精神分析大厦的潜在主线。

因此，我将重新审视米勒于20世纪70年代在人工智能的新背景下，通过性的非关系的棱镜向拉康提出的三个康德式问题。这几个定义了启蒙运动的康德式问题将被用来审查和问题化精神分析与AI之间的关系。这三个问题通常出现在所有关于AI未来的流行辞说和批判性猜测中。第一个是通常涉及意识和“他心”的长期问题。这与人工智能的感知有关，也许最著名的例子就是图灵测试，它是最终的“意识测量”。康德的第二个问题典型地围绕着AI的伦理。我们在多大程度上允许各种形式的AI进入社会纽带，我们如何预防它对作为主体的我们造成过度或糟糕的影响？第三个康德式问题集中在奇点的概念上。我们是否需要考虑与其他形式的智能一起生活的未来？又或者，超级智能的出现是否预示着人类的终结，从而导致已知物种的灭 9
绝？虽然这本书提出了米勒的康德式问题，但我拒绝回答这些问题，就像拉康一样。与大多数哲学家或理论批评家对AI问题所采取的标准方法不同的是，我将寻找问题的**反面**。

那么，本书将关注哪些形式的AI呢？AI和精神分析一样，是一个庞大而复杂的审查对象，而本书的计划绝不可能完全涵盖其中任何一个领域。我更谦逊的任务是通过阐明一种方式，使这两个领域发现，彼此的外密核心正存在于自己的内部。为了做到这一点，我设想了一个存在于精神分析和AI边界上的概念形象。为此，本书的第一部分旨在通过对智能概念、人工对象和性的深渊本质这些概念的精神分析考察，为性机器人的概念化提供理论基础。

描绘完这个形象后，我就以三个康德式问题的形式转向了本书的思辨工作。我将性机器人作为一个**形象**来阐述 AI 进入社会纽带所带来的本体论、认识论和技术论等系列问题。正如电影中的理想形式表现的那样，性机器人的形象被理解为一个将 AI、性的非关系和**抽灵机**扭结在一起的**圣状**[1]。作为一种理论装置，性机器人试图处理的是言说存在的性关系的不可能性问题。为了填补性的空洞及人工智能的性问题的不可避免性，这样的增补是必要的。通过性机器人在与主体或言说的身体的关系中进行外在的、内在的及最终外密面向上的换喻，本书将在各个维度对 AI 进行精神分析。鉴于这个计划是推测性的，我选择了通过稍显反直觉的电影作为媒介来考察这些维度。然而，应该澄清的是，当我论述电影时，我并不会将电影本身作为一
10 种媒介来解读。[2] 换句话说，电影在这里将作为一个概念游乐场，

1 根据拉康后期的著作（特别是《研讨班 XXIII》），症状（symptôme）被圣状（sinthome）所取代；（想象的、象征的和实在的）元素的精确构造组成了任何言说的身体的享乐机制。在这种情况下，圣状的概念代表了三个相异维度的统一，这些维度通过一条共同的线索被密不可分地结合在一起。

2 虽然我不会采用传统形式的精神分析电影理论，但必须承认，通过托德·麦高文（Todd McGowan）的工作，拉康电影理论领域已经转向更接近于匹配该计划的目标。从某种意义上说，对拉康晚近理论的引用在电影分析上较少涉及观众、听众和电影体验本身的问题，而更多地涉及作为一种思辨思维模式的电影的结构和概念机制。在麦高文（2007）看来，传统电影理论将凝视定位在观众一侧，而这是对拉康的根本性误读。对麦高文而言，按照拉康的术语含义，凝视应该位于主体之外，作为一种侵入性的在场，从一个看不见的地方散发出来。因此，凝视是电影图像本身的不可见空间。

用以在性机器人的理论框架内去探索 AI 的精神分析的内在享乐模式。康德式的问题将随着与人工智能相关的新概念关切和性的非关系的问题化而被逐渐背景化。因此，选择讨论这些电影，是因为它们能够说明 AI 的精神分析的不同方面，即表现为知识、行动和希望这三个能指。这将不可避免地把我们导向康德的第四个问题：“人是什么?”。

最终，贯穿本书的关键概念是享乐。这里的享乐不仅被认为是对主体性的增补，而且是主体性的基本成分，建构起了思想本身。在这一点上，男性气质和女性气质不仅与性别身份有关，还与抽象思想的形式有关。这些思想可以用作分析（或实际上是精神分析）人工智能的框架。因此，享乐的概念及其与知识的基本关系阐明了从传统哲学关注 AI 的“它能够思考吗?”到精神分析关注的“它享受吗?”的转变。如果是这样的话，我们留下的问题仍然存在：关于这种 AI 的享乐有什么新的东西，来超越我们先前作为抽象思维模式的男性和女性的主体性模型?虽然拉康（1998）没有谈论人工智能，但也许可以用他的以下隐晦论述来总结这一点：

> 人相信他创造——他相信相信，相信，他创造创造，创造。他创造创造，创造女人。事实上，他让她去工作——为“一”（l'Un）去工作［……］。这就是 S（Ⱥ）的
> 意思。正是在这方面，我们开始能够提出问题，即如何 11
> 使“一”被树立起来，被计算为一个不存在的东西。仅数

学化就抵达了一个实在［……］一个与将传统知识作为基础的东西毫无关系的实在，这不是后者所认为的——即现实——而毋宁说是一种幻想。我会说，实在是言说的身体的奥秘，是无意识的奥秘。（p. 131）

第一部分

第二章　智能的愚蠢 15

> 一旦智能以自身为对象，它就注定要转变为愚蠢，无论是作为G因素[1]还是作为智力本身。如果说心理学家的智能是愚蠢的，那么最终，哲学家的智能可能同样如此。心灵的哲学式自我论断号召心灵或智力的主权，但这似乎总是导向一种荒谬的自我庆祝形式，并不比心理学家的还原论更好。
>
> ——卡特琳娜·马拉布（2019，pp. 51–52）

1. 人工智能：失败、创伤、欺骗

字典对“智能”的定义来自拉丁语 intus（介于）和 legere

1　如果一个人的几种能力之间都存在相关性，那就说明存在一个普遍的能力指标，这个指标的高低就代表着这个人智力的高低。而这个普遍能力被心理学家查尔斯·斯皮尔曼（Charles Spearman）定义为一般智力因素（General Intelligence），简称G因素。——译者注

（选择），包括辨别、决策、理解，以及获取技能、艺术、品味，
16 最终还有知识的各种能力。[1]但是，“智能”前面的“人工”一词给人的直接印象是，我们似乎对真正的智能已经有了一个明确的定义。这种印象意味着一种自负：在哲学的语境中，它意味着忽略了**技艺**（*technē*）和**知识**（*epistēmē*）；而在精神分析的语境中，它又将知识、真理，尤其是享乐等不同范畴都视作理所当然。

人类智能需要不同技能之间的各种交互，例如视觉感知、运动技能、记忆、言语、空间推理、听觉处理的组合和交互，并能在任何时刻运用这些技能。当然，这些技能对于使用它们的“智能人”来说并非都能够被轻易理解。这是神经科学和哲学意识之间争论的核心悖论[2]，它们从根本不同的前提出发来谈论主观现象。例如，在最粗略的层面上，仅仅能够看见并不意味着“知道”视觉是如何工作的。相反，了解视觉的工作原理也无法保证能够看见。相同类型的功能组合将呈现在复杂的AI程序中，从而令核心处理器上的集成元素得以运行起来。这一

1 事实上，智能概念的谱系问题在哲学、心理学和认知科学领域都有着丰富的历史，我将不在这里深入研究这些文献。可以这么说，一旦我们考察智能的概念，我们很快就会进入哲学和人文学科领域，而不是严格意义上的科学（更不用说计算机科学）。

2 约翰·塞尔（John Searle 1980）的“中文房间”这一经典思想实验论证了这一点：一个不会说中文的人在一个房间里，通过一系列规则可以熟练使用中文符号，并向房间外的一个说中文的人输出它们。一台假定的语言处理机器由此被建构起来。房间里的人并不能说理解中文，尽管他能让对话者确信他懂。在此基础上，塞尔借这个例子批判了强人工智能。在隐喻的意义上认为房间里的人在逻辑上对应的是部分大脑而非意识本身，这一论证后来以各种方式为人所驳斥。

过程包括循证推理、语言技能、文本分析、传感器、决策、数据分析等。

例如，我们可以说处理视觉信息的程序理解视觉是如何工作的吗？或者计算机上的面部识别软件在操作方式上与人类的相同吗？根据一些计算机科学家的说法，答案是肯定的，计算机像人类一样具有“直觉”（Hammond 2018）。因此，我们在最基本的术语上可以看到技术或机械能力与理论知识之间的差别，而这种差别对通常使用的人工智能概念来说是必要的。正如刘禾（Lydia Liu 2010）指出的那样，人脑可以通过计算机芯片增强是一回事，而计算机的逻辑和人类心理的相似性则是另一回 17
事。正如她声称的，这一观点“自 20 世纪中叶以来为某些一直发生的更基本的事情——也就是作为一种计算机器的人类心理的控制论概念——提供了辩护”（p. 8）。迄今为止，思考人工智能的普遍范式仍然是计算机和大脑之间的关系。[1] 但正如我们将看到的，这种对大脑和计算机类比的特别关注带来了尚未解决的重要的精神分析问题。

近年来，人工智能领域呈指数级扩展，不同的技术路线引发了各种哲学观点对探讨这一概念的影响的兴趣。现如今，AI 涵盖了众多现象，既可以用于目标导向的“狭义”人工智能或

1　这个范式，或者更确切地说是人类大脑和计算机在神经科学研究和计算机科学中的进化发展，最初是因约翰·冯·诺依曼（John von Neumann 2012）对信息技术和计算领域的贡献而出现的。这些成果在他 1958 年的《计算机和大脑》中得到了最好的体现。另见库兹韦尔（2012）。

弱人工智能（ANI）：它们执行有限的任务，例如基于一系列不同的算法进行分类、追踪、预测或识别数据模型——这些算法可用于谷歌搜索和亚马逊的 Alexa 等应用程序，也可以用于开发自动驾驶汽车或 AVs（苹果公司的泰坦计划和特斯拉的自动驾驶）、预防医学（Microsoft AI）及更具争议性的自主武器系统等更为复杂的人工智能领域。而在光谱的另一端，我们也发现了机器人学、深度学习和神经网络等领域，它们在模拟中有着更复杂的出路，其中最有趣的也许是我们随后将讨论的蓝脑计划（Blue Brain Project）。

新近出版的论文集《你的思想小巷：增强智能及其创伤》（*Alleys of Your Mind: Augmented Intelligence and its Traumas*）从当代批判理论的角度讨论了人工智能问题。[1] 该合集收录了一些前沿思想家的成果，他们都以不同的方式批评了流行的 AI 概念，并提出了这样的问题：在人工智能时代，思考意味着什么？大规模的计算将如何改变我们大脑的运作方式？这本书的
18 一个主要野心是揭示“错误和创伤在我们当代技术思维的构建中所起的积极作用”（Pasquinelli 2015）。

马泰奥·帕斯奎内利（2015）在这本书的一篇文章中认为，当前关于技术和理性问题的哲学辩论一方面属于新唯物主义，另一方面则属于新理性主义（也就是怀特海或塞拉斯的立场）。前者是“技术对象、物质和情动”的支持者，而后者处理的则

1　该文集的作者主要是一些哲学家或新媒体理论家，也包括科学史家和艺术理论家。

是“理性的首要性及其潜在的自主化形式”（p. 8），或者说让综合理性变得自主的能力。然而，帕斯奎内利认为这是一种错误的区分，相反，他认为，如果不承认“认知异常”或他所谓的“理智失败”——我们可以将其翻译为心理错误或智力错误——就无法评估任何认知和计算范式（p. 8）。这意味着应该区分那些承认“错误、异常、病理、创伤和灾难”具有积极作用的哲学和那些支持没有“动态、自组织和构成性断裂”的平面本体论的哲学（*ibid.*）。遵循法兰克福学派有关理性创伤的教义，帕斯奎内利断言，**创伤理性**必须“被重新发现为一种智能机器时代的实际内在逻辑”（*ibid.*）。在对本书的介绍中，他断言：

> 有一天，将20世纪的思想及其智能机器重新表述为对错误、异常、创伤和灾难的积极定义的探索将不会是武断的——这是一组需要在认知、技术和政治构成中去理解的概念。（p. 7）

帕斯奎内利将福柯的生命权力和自我技术的历史与控制论和他的“容易出错的机器”（p. 7）相提并论，认为它们有着共同的源头；他同时又认为，德勒兹和加塔利的欲望机器实际上是在呼应来自第一次世界大战的对战争创伤和大脑可塑性的研究。他说：

> 纵观计算的历史（从早期的控制论到人工智能和当前

> 19 的算法资本主义），主流技术和对它的批判性反应都有一个共同的信念，即以法兰克福学派的**工具**或**技术理性**为奠基的决定论和实证主义。（*ibid.*）

因此，该文集的目的是反过来强调“错误、创伤和灾难在智能机器设计和增强认知理论中的作用”（p. 7）。帕斯奎内利认为，智能的定义仍然是一个悬而未决的问题，因为从哲学的角度来看，人类智能首先总是人工的，它会产生新的认知维度（*ibid.*）。智能是各种复杂的、多因素的能力的组合，难以定义。帕斯奎内利在对当前关于人工智能状态的辩论中发现了三个主要“谬误”。首先，人类中心谬误。这一观念肤浅地假设人工智能类似于人类智能，将恐吓和威胁的动机归因于AI。在对AI的这种愿景中，人工智能成了一个恶毒的捕食者，其目的是消灭我们，或者至少让我们受苦。其次，自举谬误。这一观念将机器智能的无缝指数型增长想象为一种类似于人类心理发展的进步。从某种意义上说，人类认知任务相对和渐进的复杂性被直接映射到机器智能的进步上。当我们忽略了人类智能所需要的不同形式的认知能力——一些对人类而言非常困难的过程很容易被算法复制，而其他一些看似简单的人类任务有时也需要异常复杂的AI运算——时，这种谬误就会出现。最后，奇点谬误。它结合了前两个问题的要素。根据这一观念，未来将会出现一个决定性的点，即不同技术模拟、技术增强的统一和同步将最终超越人类智能，共同形成一种同质且全能的思维模式，使人类智能（甚至扩展到整个物种）变得多余。

帕斯奎内利对当前围绕 AI 概念的谬误，以及需要在错误、创伤和灾难的基础上来处理 AI 的批评指出了 AI 中内隐的精神分析维度及含义。首先，帕斯奎内利指出的关于想象性认 20
同的问题似乎普遍存在于我们对人工智能的误解中。该误解假定了象征性交流的能力需要主体间性的要素，而这一观点根本上是错误的。用拉康的术语来说，这与误识（misrecognition）或想象性误认（imaginary *méconnaissance*），并最终与转移（transference）有关。其次，我们应该更仔细地考虑将创伤和病理学概念界定为 AI 研究的实证主义进路中未被承认的本体论的重要因素。这是整个弗洛伊德事业建立于其上的关注点，也是对创伤概念和曾被认为是心理结构所固有的病理学的重新表述。不仅仅是因为弗洛伊德通过创伤和症状找到了破译他第一个病人的癔症症状的方法，也不仅仅是因为发现了某个不幸和紊乱事件，而就像弗洛伊德描述的那样（拉康对此进一步进行了形式化论述），创伤在结构上构成了精神分析的主体。用精神分析的术语来说，主体以一种构成性失败为特征。

本杰明·布拉顿（Benjamin Bratton 2015）同样警告说，当代围绕与完全不同形式的人造智能一起思考和生活的意义的争论严重误解了真正的问题，因为它们停留在了对 AI 的人类中心主义的评价中。在布拉顿看来，我们应该抵抗通过人类智能的有色眼镜去理解 AI 的诱惑，因为这样做会“弄巧成拙，是不道德的，甚至可能是危险的”（p. 70）。出于这个原因，他主张扩大智能的概念，将人类智能进一步界定为一种更大的连续体的智能形式。通过这种方式，他在我们对什么可以算作智能思想的理解中促成了一种“反偏执”（anti-bigotry）的形式，朝着更好地评价与人工智能的大他者一起生活和思考所涉及的挑战迈出了关键一步。

布拉顿认为，我们对 AI 的幻想要么是拼命想成为人类——例如史蒂文·斯皮尔伯格（Steven Spielberg）的《人工智能》（*A.I.*, 2001）或克里斯·哥伦布（Chris Columbus）的《机器管家》（*Bicentennial*, 1999）；要么是对人类的恶意破坏——例如詹姆斯·卡梅隆（James Cameron）的《终结者》（*The Terminator*, 1984）或最近的系列剧集，来自查理·布鲁克（Charlie Brooker）的《黑镜》（*Black Mirror*）。这些幻想仅仅反
21 映了我们自身欲望、偏执和自恋的自我形象。AI 如此吸引我们的注意，这可能只是一种纯粹的愿景。然而，最坏的情况可能是它们根本不会注意到我们：

> 比大机器想要杀死你更糟糕的真正的噩梦是，它认为你无关紧要，甚至是一个不需要知道的离散之物。比被视为敌人更糟糕的是，根本不被敌人看到。（p. 70）

在布拉顿看来，人工智能被视为类人的想法是一个有效的出发点，但不是一个有效的结论。此外，布拉顿的 AI 研究所做的一个重要工作是区分了“人工愚蠢”（artificial stupidity）和

“人工白痴”（artificial idiocy）这两个术语。前者指被故意编程到人工智能中的错误，以使其更真实地人性化（例如，不是每次都在游戏中获胜，虽然它每次都可以轻易击败人类）。后者指人工智能因过好地完成任务而损害了其他因素，由此产生的问题。尼克·博斯特罗姆（2014）最初使用的末日示例是回形针生成器：它遵循命令不断制造回形针，直到世界被大量回形针淹没。这就是所谓的 AI 白痴。在第一个例子中，AI 愚蠢具有在它自己和它的人类伙伴之间建立社会纽带的功能。另一方面，AI 白痴对主人指示的遵循如此“意识形态化”，以至于让所有其他因素都变得无足轻重。所以，这里的盲点在不同的方面起着作用。或者可以说，每种情况下产生的享乐是不同的。因此，布拉顿所称的 AI 的愚蠢或白痴可以被视为一种话语结构，在这种结构中，享乐是根据真理和知识的相对位置产生的。因此，愚蠢的概念对于享乐问题具有根本的结构重要性。

布拉顿还请我们注意人类对 AI 固有的“偏执”取向，因
为正像他（2015）说的那样，图灵测试的目的是让对话者误以
为 AI 是人类，所以 AI 不得不“变装”（p. 76）。但正如布拉顿
所说，真正的变装是，你不应该说服某人你是一个异性，而只 22
是让他放下对你的性向或性别认同的信念（以“我很清楚，但
是……”这样的否定形式）。布拉顿讨论了图灵作为同性恋者
（当时是非法的）出柜的丑闻及随后遭受的化学阉割，这给图灵
造成了难以言喻的痛苦，最终导致他自杀。鉴于图灵的模仿游
戏是基于欺骗对话者相信你属于某个特定性别的逻辑（AI 必须

在这一点上表现得和人类一样好），所以相似性很重要。

> 我们要注意到，要求 AI 通过测试以证明其智能——就像人类智能一样——与图灵自己需要隐藏其性欲并作为直男通过测试，这两件事之间存在着一种讽刺性的对应关系。这两种虚张声势的要求都是不必要的，而且非常不公平。（p. 72）

然而，性认同与 AI 之间的关系问题在精神分析的层面上实际上比布拉顿所议及的 AI 研究中的人类中心主义潜在问题的政治讽刺要复杂得多。就像我们将在第五章中进一步讨论的那样，如果我们仔细考察，就会发现图灵测试证明了精神分析术语中性化与人工智能之间的关系的根本基础。

从本质上讲，布拉顿向我们传递的乌托邦式的信息是，与其让 AI 成为一种可能被认为是一种“实在”的思维类型的预设刻板印象，不如让我们所不断学习的各种形式的 AI，来教授人类“更全面、更真实的思考可以是什么”（*ibid.*, p. 72）。“思想”的多样化符合当代理论的现实主义转向，它能够为我们提供一个重要视角，即一个超越后结构主义思潮的精神分析范式。但此外，我们还应该注意这样一个事实（正如布拉顿本人在他的 AI 愚蠢的例子中指出的那样），“思想”的构成部分涉及的是任何给定话语框架中真理和知识的位置之间的辩证关系。

2. 欧米茄数和缝合 23

让我们进一步探讨以哲学方法思考AI的问题。露西安娜·帕里西（Luciana Parisi 2015）在她的文章《工具理性、算法资本主义和不可计算性》（“Instrumental Reason, Algorithmic Capitalism and the Incomputable”）中问道：

> 批判理论对工具理性的批判是否仍然基于批判性思维和自动化之间的区别？我们真的可以说算法自动化始终是批判性思维的静态还原吗？（p. 126）

帕里西认为，随着数字资本主义转向全机器阶段（all-machine phase），我们正在见证一种新的思维和控制模式。全机器阶段是由迈阿密大学的一群物理学家提出的，其时恰逢2006年之后，高频股票交易的引入需要亚毫秒级速度的算法来进行超过人类响应时间的算法交互。在分析了金融市场核心的毫秒级数据后，他们发现了由这些算法引发的一系列亚秒级极端事件。鉴于这种情况，帕里西认为，这些事件展开所需的非人类规模极大地改变了我们使用传统批判理论工具分析它们的能力。帕里西断言，至关重要的是，指责计算将人类思维简化为机械操作的传统批判理论已不再足以作为我们当前事态的分析范式。由于这些事件超出了人类控制和理解的范围，她引用了计算机科学家和数学家格雷戈里·蔡廷（Gregory Chaitin）的观点，即不可计算性和随机性实际上是计算的条件。这意味着，不可计算的东西构成了工具理性本身的一部分。因此，帕里西认为困境是：

> 哲学思想和数字化都依赖于非决定性和不确定性原则，同时在其核心复杂性理论中体现了这些原则。因此，这形成了一个悖论——它既挑战又定义了新自由主义秩序。（p. 126）

24 针对这个悖论，帕里西主张转向蔡廷的不可计算性概念，特别是他对不可计算的“欧米茄数”（Omega number）的发现：一个可定义但不可计算的数字。正如帕里西解释的那样：“欧米茄数立即定义了一个离散和无限的计算状态，占据了零和一之间的空间。”（p. 126）她认为，这不仅对技术合理化的哲学批判提出了质疑，而且对理性的工具化提出了质疑。帕里西说，这标志着“批判思想史上不可逆转的转变，不可计算的理性功能已经成为认知的自动化基础设施”（p. 127）。

实际上，从拉康的观点来看，这种认识毫不新鲜。帕里西对神秘的欧米茄数的确认扰动了所有将理性建立在计算上的尝试：它是零和一之间离散又无限的空间，因此是不可计算的。这让我们惊异地联想到了“缝合”这一基本精神分析概念。在雅克-阿兰·米勒（2012）的《论缝合》（“Suture”）——“这是第一篇不是由拉康本人撰写的伟大的拉康式文本”（Badiou

2008, p. 25）——一文中，他提出了一种能指的逻辑，这一逻辑如今已经被普遍认为是一种严格形式化的能指的**拉康式**逻辑，尽管拉康本人从未将之系统化。这篇论文以弗雷格对整个自然数序列的逻辑概念的尝试作为逻辑基础。在其中，弗雷格区分了概念、对象和数的范畴，从而将零作为唯一可归入“与自身不一致”的概念下的对象。正如《概念与形式》（*Concept and Form*）的编辑所指出的，米勒进一步假设了两种关系：“将对象归入概念”和“为概念指派一个数字”（Cahiers Kingston 2012, online）。

由于与自身不一致的事物被唤起，它就被排除在了真理的维度之外。米勒（2012）展示了弗雷格如何将数的概念建立在一个述行矛盾上：

> 由于概念本身就是一个概念，这个概念就有了一个外延，可将某个对象归入它。**哪个对象？都不是**。因为真相是，没有任何对象会落在可归入这个概念的位置上，而界定其外延的数就是零。在这个零的产生中，我已经强调它得到了真理命题的支持。如果说没有一个对象隶属于与自身不一致的概念，那是因为真理必须得到保存。如果 25
> 说不存在与自身不一致的事物，那是因为与自身的不一致和真理的维度本身是矛盾的。我们将零指派到这一概念。（p. 97）

通过对弗雷格的解读，米勒阐述了所有以真理为目标的辞说中能指和欠缺主体之间的矛盾逻辑。无须对帕里西与弗雷格的立场进行集合论的或概念的讨论，就足以强调对 AI 问题的重要批评方法似乎与关于真理在辞说中的位置的逻辑悖论相吻合。在帕里西的案例中，存在于理性和计算的对立辞说之间的假定差异被神秘的**现实上的污点**的出现所打破，这个污点似乎不符合她所描述的主观性和客观性二元对立的任何一方。关于图灵机作为一种“基于逐步过程的绝对迭代机制”（p. 130），帕里西认为：

> 没有什么比这种基于普遍计算的机器的离散之物——或德勒兹（1994, p. 68）所说的“感性的存在”——更反对纯粹的思想了。能够沿着序列交互的预先安排单元的图灵架构实际上与通过微分连续体、通过强度性的遭遇和情动进行运动的个体发生思想相反。（pp. 130–131）

帕里西在这里提到德勒兹的个体发生思想、强度性的遭遇和情动是什么意思？这如何转化为一种精神分析术语？

关于这种对神秘的欧米茄数的关注，我们也可以参考拉康在《研讨班 II》中对控制论的早期讨论及其《文集》（*Écrits*, 2006a）中收录的《逻辑时间和预期确定性的断言》（“Logical Time and the Assertion of Anticipated Certainty”）一文。其中，他请我们注意作为控制论核心的可能性的算法运算的重要性，

及其对构建一种精神分析因果论的可能用途。在关于逻辑时间的文章中，拉康通过囚徒困境的思想实验，说明了理性计算如
何包含着一个完全主观的时间维度，或者反过来说，自由行动 26
如何只能通过普遍规则构成：

> 使这种行为在诡辩派的主观断言中如此显著的原因在于，由于主观赋予的时间张力，它预见到了自己的确定性。并且，基于这种预期，它的确定性在由这种张力的释放所决定的逻辑沉淀中得到证实——因此，结论最终不再基于任何东西，而是完全客观化的时间实例，并且断言被最大限度地去主体化。（Lacan 2006a, p. 171）

在决定如何行动以确保他们的自由时，囚犯完全依赖于他们对彼此的主体间定位。这里不涉及超理性的平面本体论，而是——正如赖特（Wright 2018）所观察到的那样——一种“实时扫描”（living scansion）的时间性（p. 75）。这里值得注意的是，任何自由行为都能被回溯性地构成一种完全确定的因果关系模式，但它仍然被体验为是主观发动的。在《研讨班 II》中，拉康引用了埃德加·艾伦·坡的《被窃的信》（*The Purloined Letter*）来说明存在于奇偶游戏中的机遇的根本虚幻效应，强调我们如何倾向于在某些数字模式中看到巧合，而在数学上，只存在概率；机遇纯粹是结构的结果。在《研讨班 XI》中，拉康对两种广泛对应于必然性和偶然性的精神分析因果论做出了

重要区分，这在临床上十分重要。拉康将第一种称为**自动机器**（*automaton*），指的是一种程序化的行为重复；第二种则被称为**命运**（*tuché*），对应的是机遇和与实在不可预知的遭遇。用接受分析者的话来说，这被体验为一种前所未有的事件，一种从象征秩序的纯机械决定链中爆发出来的激进的主观自由。我们可以将这种与实在不可预知的遭遇称为“愚蠢”，因为它必然缺乏任何理性的解释。似乎帕里西将理性设想为一种内在情动的连续体，对自身完全透明，能够自我定位，换句话说，这里的
27 **存在**和**思维**是同一件事。帕里西将问题诊断为离散单元与连续运动的对立，或许可以用拉康的术语将这个问题表述为命运与自动机器的对立（1977），或数学与拓扑学的对立（2016）？

尽管帕里西试图回避与 AI 相关的主体问题，但这一问题还是从后门溜了进来。如果不是为了保证必然性中的绝对偶然和决定论内的绝对自由，欧米茄数的作用是什么？看起来欧米茄数，就像拉康的实在一样，**总是回到它的位置**，并且**永远不会停止不被书写**。

3. 马拉布和蓝脑

2005 年，蓝脑计划由位于瑞士洛桑的瑞士联邦理工学院（EPFL）的亨利·马克拉姆（Henry Makram）教授发起（2020）。该项目的目的是“从生物学上建立啮齿动物大脑及最终人类大脑的详细的数字重建和模拟”。该项目基于超级计算

机的重建，有望提供一种全新的方法来理解和模拟大脑的多层次结构和功能。尽管该项目仍在继续，但由于人类大脑的极复杂性，蓝脑计划仍然只能设法模拟大脑的一小部分，期待从有限但不断增长的新增数据中获得更大的发现。然而，根据使命宣言，他们的目标是能够更详细地模拟大脑不同部位的复杂多层次的活动。但是，这些活动在活组织中是不可能得到研究的。因此，蓝脑计划的研究人员只能通过各种方式操纵组织，例如“敲除”或“破坏”回路的某些部分。

就目前而言，研究人员能够“在计算机上”（in silico）以数字方式重建脑组织，以模拟对大脑解剖学和生理学在任何时刻的快照。他们可以使用这些数字重建进行虚拟的无限范围的模拟，以复制真实大脑的自发性电活动。该项目目前正在构建一种神经机器人工具，这将使研究人员能够在动物身上复制认知 28
行为实验，目的是推测这些数据，进一步了解和模拟人脑。总之，蓝脑计划正在尝试的工作迄今为止一直是科幻和幻想的领域，即建立一个功能齐全的非生物大脑。尽管蓝脑计划所需的技术仍处于早期阶段，但它在理论上已经具备了足够的计算能力，它设想的是一种对人脑进行完全数字模拟的可能性。因此，思考该项目**存在的理由**是一件很有启发性的事情：

> 了解大脑至关重要，不仅是为了了解赋予我们思想和情感并使我们成为人类的生物学机制，而且是出于一种实际原因。了解大脑如何处理信息，可以为新计算技术的发

展做出根本性的贡献。（EPFL 2020, online）

虽然蓝脑计划认识到了理解大脑的“价值”，因为正如他们所说，它“赋予我们”思想、情感和“人性”，但对蓝脑计划来说，大脑的这种价值似乎只是一种次要的好处。蓝脑计划发展中最重要的驱动力与其说是了解人类思维，不如说是开发更强大的新计算技术。所以，这里有一种奇怪的反身性在起作用。通过大脑结构上的建模技术，我们可以更好地理解大脑的功能，进而开发新的更好的计算技术，以便更详细地对大脑进行建模。这是一个完美的循环论证，它描绘了自控制论开始以来，人们对人脑的普遍理解中一直存在的计算隐喻。[1] 此外，蓝脑计划
29 因其对数字模拟力量的绝对信念，而携带着消除虚拟功能和现实功能之间的界限，并展开完全模拟智能可能性的概念问题的使命。但是，如果大脑只不过是一个高度复杂的系统，我们正在获得以数字的方式对其进行再生产的能力，那么模拟将在哪个点上从虚拟跨越到实在呢？或者用黑格尔的术语来说，它什么时候会从实体过渡到主体呢？

---

1 感谢数学家和早期计算机创造者之一约翰·冯·诺依曼和他的计算模型工作，他对人脑和计算机本质等价的定义一直影响着今天的计算。正如库兹韦尔（2012）所说：“他承认明显的深层结构差异，但通过应用图灵的计算等效原理，冯·诺依曼设想了一种将大脑运作方式理解为计算和重新创建这些方式的策略，并最终扩展了大脑的力量。”（p. 12）另见1946年至1953年间由约书亚·梅西·儒尼奥尔（Joshua Macy Junior）和弗兰克·弗雷蒙·史密斯（Frank Fremont Smith）在纽约设立的梅西会议（Macy Conferences）。

蓝脑计划和脑科学领域的其他重大发展（例如 Neuralink）对许多研究领域提出了深刻的问题——不仅在人工智能和工程领域，而且在哲学、伦理学甚至宇宙学领域（Lovelock 2019）。在这些突破性的发展挑战了我们的生物智能概念之后，一些重要思想家的反应相当激进。其中之一来自卡特琳娜·马拉布（Catherine Malabou）。在她的《变形智能：从智商测量到人工大脑》（*Morphing Intelligence: From IQ Measurement to Artificial Brains*, 2019）一书中，马拉布不仅批评而且拒绝了她先前在其开创性著作《我们应该用我们的大脑做什么？》（*What Should We Do with Our Brain?*, 2008）中阐述的关于智能概念的立场——她在其中探索了大脑可塑性的神经科学概念。在她的最新著作中，马拉布继续她所描述的对生物生命和符号生命之间空间的研究。

马拉布坦陈，鉴于突触芯片和蓝脑计划的发展，她之前关于大脑可塑性的论文实际上是一种沙文主义化的人文主义。在马拉布看来，人工大脑的出现标志着一个改变人类智能暂时地位的分水岭时刻。她甚至认为她以前对于可塑性的立场是错误的，因为这一立场主要基于的是生物学的智能模型。她的新观点认为，大脑不是一种具有可塑能力的纯粹生物性的东西，而是一个其符号特征根本不需要生物学基底的实体。

马拉布以一种谱系学的方式考察了始于 19 世纪的对智能概念的科学表述，并追踪了历史学家、心理学家、生物学家和哲学家对这些表述的挪用，以及他们对智能意义的讨论所引发的

30 争论。马拉布接着概述了她所说的智能的三种主要变形，首先是遗传的命运，其次是渐成和突触模拟，最后是自动行为的力量。第一种变形有关于智商测试的发明，以及 19 世纪首次将智能概念化为一种可测量的实体。这两个事件催生了始于原始遗传学家弗朗西斯·高尔顿（Francis Galton）的优生学工作，以及随后阿尔弗雷德·比内（Alfred Binet）和西奥多·西蒙（Theodore Simon）在分子生物学和人类基因组测序领域进行的研究。

第二种变形应该是我们当前的主流观点，它主要体现在表观遗传学领域。换句话说，我们在对智能的普遍和广泛接受的理解中考虑到了环境因素、教育、文化对作为智能所在地的大脑的可塑功能的影响。第二种变形在很大程度上可以追溯到 20 世纪历史学和生物学之间的关系，这部分归功于巴什拉、康吉莱姆及后者的学生福柯和西蒙东等法国认识论者的研究，他们开始以新的眼光来理解这一关系。马拉布认为，这是重新评估智能的“先天论和预成论”特征的开始（Malabou 2019, p. 15），为从 20 世纪后期开始占据主导地位的大脑控制论让步于计算机—大脑隐喻的可能性打开了大门。

第三种变形还在后头。这将需要消除自然与人工之间的界限；对智能的概念化会让对大脑活动的模拟形成某种比“威胁人类”的生命政治更复杂和更重要的东西。它将标志着智能生命概念本身演变的下一个阶段。在这一点上，我们将不得不以一种完全不同的方式来处理人工智能，并问：当我们称智能为

“人工的”时，我们真正的意思是什么？这部分是马拉布的书试图解决的问题。智能概念未说明和未公开的维度让我们对什么**算得上**智能生命产生了偏见。她问道：

> 那么，我们应该如何将人工生命与生物生命和符号生
> 命联系起来呢？人工生命是一个入侵者，对后两者来说是
> 陌生和异质的。它只是作为一个威胁性的复制品存在吗？ 31
> 或者更确切地说，它是促成生物生命和符号生命之间辩证
> 的相互关系的必要中介吗？（p. xvii）

那么，我们应该如何界定人工生命？马拉布并没有试图在这本书中解决这个问题，因而与智能有关的生命问题仍然是悬而未决的。在《变形智能》的后记中，马拉布坦陈，在写这本书时，她还没有意识到“智能问题，特别是人工智能问题在多大程度上已经成为一个紧迫的问题，与重要的社会、政治、法律和经济影响息息相关”（p. 145）。正是由于她的书受到了热烈欢迎，她意识到社会再次表达了“**对哲学**深刻而迫切的**需求**”（p. 145；强调为原文所加）；需要新的工具来帮助解决作为一种“变革性技术”的 AI 所提出的紧迫问题：人工智能凭借其对信息系统传统结构的挑战，带来了“在世存在的彻底剧变”（p. 146）。马拉布认为，我们需要一种哲学方法来理解这些挑战的本质：

> 理性而无妄想［……］这是一场不仅发生于思想、知识和专业知识（通常与智能相关的概念）的领域，而且发生在活动、情感和人类心理等各个领域的激进革命。（pp. 145–146）

马拉布在本书的结尾处强调了这一点。她引用了弗洛伊德在《精神分析导论》(*Introductory Lectures on Psychoanalysis*, 1917）中提出的精神分析是对人类自恋的第三次打击。[1] 在对AI的变革性本质的反思中，马拉布（2019）断言，“第四次打击”将是人工智能“通过自身的模拟捕捉智能，并最终超越智能”(p. 164)。[2] 在反思了AI的剧变之后，马拉布认为：

> 32 挑战在于与机器一起创造一个共同体，即便我们与机器没有任何共同之处。永远不会存在一个机器共同体。只有当我们赋予它们这种能力时，它们自动创造的能力才会具有政治平台和伦理结构。(p. 161)

马拉布对自己立场的最后总结似乎与她这本书的精神相矛盾。为什么由于AI是对人类的第四次打击，机器就无法从事政治、道德行为或建立共同体？虽然马拉布似乎正确地避免将

---

1 前两次打击分别是哥白尼的宇宙学打击和达尔文的进化论打击。

2 然而，必须指出的是，多纳·哈拉维（Donna Haraway 2008）在《物种相遇》(*When Species Meet*）中将对人类自恋的第四次打击描述为“信息学或赛博格的伤口”。

智能具体化，她自己却不巧落入了她警告别人不要落下的陷阱：将人工智能视为某种完美的球体，离散的、不可知的和绝对的大他者。

有趣的是，马拉布指出的**愚蠢**概念对于法国思考智能的传统来说变得尤为关键。值得注意的是，正如她指出的那样，从普鲁斯特到福楼拜再到瓦莱里，现代法国关于智能问题的思想谱系一直伴随着对愚蠢的反思。而后，德勒兹的《差异与重复》（*Difference and Repetition*）和德里达的《野兽与主权者》（*The Beast and the Sovereign*）使愚蠢成了“一个适当的先验问题的对象”（引自 Deleuze, Malabou 2019, p. 7）。正如她所说：“‘智能’这个词既代表了天赋——自然智能，也代表了机器——人工智能。天赋如同一个马达：它依靠自己工作，但不是自发运动的。那么，从这个意义上说，它是愚蠢的。”（p. 8）马拉布得出的结论是，智能和愚蠢不过是一个东西。她将两者各自对本质的徒劳无功的追求归结为一种“本体论的顽疾”（p. 54）。

> 如果是这样，那么为什么不放弃将智能作为一个独立的哲学问题呢？防御终于聚集起来形成了这个立场：最终，智能的本体论空洞从来没有表现得像本体的愚蠢那样明显。或许这种愚蠢与心理学的愚蠢没有太大区别。（p. 54）

尽管马拉布在这里强调愚蠢的问题，她仍然坚持自己对理性的承诺，这是更好地理解智能的人工形式的可能性关键。奇 33

怪的是，因为愚蠢与享乐的关系，马拉布是在她与弗洛伊德和拉康精神分析的长期对话中[1]提出的愚蠢的问题。因为愚蠢出现在拉康的研讨班的不同时期。事实上，拉康（1998）曾直截了当地说："能指是愚蠢的。"（p. 20）他还更有诗意地说过："如果说一个天使笑得如此愚蠢，那是因为它能在至上的能指中翱翔。如果它某一天跌落凡尘，却依然感觉良好，也许它就笑不出来了。"（p. 20）拉康虽然没有在理论中系统化"愚蠢"这个概念，但它仍然是拉康诸多概念中的一个标志。拉康（1988）区分出的三种激情——爱、恨和无知都可以被称为愚蠢。最后一种激情，即无知，也许是最不言而喻的愚蠢。拉康（2018）在《研讨班 XIX》中谈到了分析家的知识；无知是分析关系的基础；一种归属于分析家的知识水平实际上存在于接受分析者自身的盲点中。

然后，在《研讨班 XX》中，无知被赋予了一种神圣的属性。拉康（1998）提醒我们："弗洛伊德用恩培多克勒的说法武装自己，即上帝必须是所有存在者中最无知的，因为他不知道仇恨。"（p. 91）这个构成爱与恨的基础的无知和无能的大他者，拉康在他的性化公式中赋予了其一个被划杠的大他者的位置。从形式上讲，爱、恨、无知这三种激情作为三种原始的享

---

1 例如，参见阿德里安·约翰斯顿（Adrian Johnston）和卡特琳娜·马拉布的《自我与情感生活：哲学、精神分析和神经科学》（*Self and Emotional Life: Philosophy, Psychoanalysis and Neuroscience*, 2013）。在其中，两位作者就大陆哲学的唯物主义转向对主体的精神分析式解释提出的潜在挑战进行了辩论。

乐形式，都是愚蠢的。我会争辩说，愚蠢正是“真正”的智能所必需的盲点。不是因为“灵魂”或“意识”具有某种神秘属性，而是因为构成享乐的愚蠢的严格形式化的运作。因此，智能和愚蠢之间的关系不是一个简单的对立问题。愚蠢恰恰是智能本身看不到的智能部分，是智能主体**享受**自身的地方。

虽然马拉布令人钦佩地修正了她先前关于机器智能的可能性、思维的概念及其与大脑的关系的概念错误，但她没有考虑 34
到智能与其**构成性失败**之间不可化约的关系，而这些组成了她论述**愚蠢**的辞说。从这个意义上说，并不是构想“机器共同体”的失败让马拉布回到了她一开始试图逃避的那种人类例外论，而是说，智能可以通过一种审慎的逆向工程，被自己的模拟所掩盖。这并非让我们朝向人类例外论的另一个区别并不明显的论点（即“并非所有主体都可以被模拟捕获”或“总是有剩余部分逃脱模拟”），而是一种对智能本身固有的失败的担忧。此外，这种失败重建了马拉布的认识论中遗漏的享乐维度，我认为这对马拉布给我们提出的挑战至关重要。

马拉布的开场白是根据对大脑和新技术的新发现——这些新发现使人类大脑的独特地位被抹去——来批评她自己之前在人类智能问题上的立场。然而，她对合成大脑的真正哲学问题的接受仍然回避了主体性的核心问题，这个问题存在于享乐的结构中，或者用精神分析的术语来说，它是一种性的非关系。

马拉布基于以下陈述展开了她对智能的变形的研究结论：

> **最终**，智能不是我们的，也不是他们的。这种对占有的抵制源于构成它的本体论悖论：智能并不存在，因此不能属于任何人。（p. 139）

她所说的“他们”指的是那些希望在人脑的合成创造和模拟中将智能工具化和完全利用智能概念的人（即蓝脑计划的神经科学家）。所以马拉布承认智能是不**存在**的。从某种意义上来说，这是一种典型的拉康派立场。存在（being）因存有（existence）而消失，也就是说，一旦智能被物化和工具化，它
35 就不再智能，并变得愚蠢。然而，悖论的是，正是这种愚蠢导致了智能本身被概念化的可能性：智能是一个总是试图与自身保持一致却不断遭遇失败的东西；我们在性和知识的辩证关系中看到了本体论的空洞。

正如我将试图在本章的最后部分展示的那样，马拉布当时指的智能概念中的第三个“变形”在拉康的精神分析理论中已经占有了一席之地。我们将看到，在这方面，智能从一开始就是一个自相矛盾的范畴，既人工又愚蠢。

4. 反哲学：思维或存在？

通过马拉布对本体论的愚蠢和智能的享乐盲区的描述、帕斯奎内利的构成性失败和理性的原始创伤、布拉顿的 AI 的性别和两面性，以及帕里西无法计算（但真实）的欧米茄数，一

系列关键的精神分析问题似乎正在涌现出来。尽管这些思想家已经阐明了对人工智能的批判性考察中重要而独特的方面，他们似乎都有一个共同的特点：在关于人工智能的哲学和科学论述中，精神分析的主题被默默地忽略了。拉康是这样描述这个问题的：

> 哲学家的辞说成了一种主人辞说［……］。这并不意味着他说的话是愚蠢的；这些话要有用得多……请注意，这也不意味着他知道自己在说什么。法庭傻瓜可以扮演一个角色：成为真理的替身。他可以通过像语言一样说话来玩弄话术，就像无意识一样。他自己是无意识的，但这是次要的。重要的是应该扮演这样的角色[1]。（引自 Badiou 2018, p. 28）

我们将开始阐明精神分析（不同于哲学）如何处理“思维” 36
和“知识”及它们与 AI 的关系问题。有必要将这些讨论建立在拉康式主体的逻辑基础上。这最终将引导我们进入本书所围绕的基本概念：性的非关系。

拉康（2006b）于 1966 年在《分析手册》期刊上发表了《科学与真理》一文，并在《研讨班 XIII：精神分析的对象》开

1　科马克·加拉格尔（Cormac Gallagher）将拉康《眩晕》（*L'Étourdit*, 2009）中这句话的最后一部分翻译为“应该承担（held）这样的角色”（p. 42）。因为上述翻译中的“played”更符合“角色”和“扮演”之间的关系，所以我选择不在这里引用加拉格尔的版本。

始的时候进行了文本汇报。他将科学的主体等同于精神分析的主体，两者都被视为“由另一个能指表征的能指”（p. 875）。拉康在这篇论文中的首要目标是确定牛顿物理学所预示的现代科学的突破，这种突破最终带来了科学学科的出现。这一阶段包括从17世纪——伽利略和笛卡尔开始的“天才世纪”（p. 857）——到20世纪之交，在弗洛伊德与无意识的相遇中达到巅峰。从根本上说，拉康式主体必须“严格区分于生物学个体，以及任何可归入理解性主体的心理进化”（p. 875）。

正如艾德·普鲁斯（Ed Pluth 2019）指出的那样，在拉康教学的这一阶段，由于意识到精神分析对结构主义和自然科学的贡献，他正试图确定精神分析作为一种自主辞说的地位。拉康认为，主体是在分裂（*Spaltung*）中构成的；在精神分析实践中，所述主体与能述主体之间的差别以一种症状的形式呈现出来。根据拉康（2006b）的说法，精神分析位于科学史上的一个特定节点，这意味着弗洛伊德不是科学传统中的异物，而毋宁说是其直接产物：

> 我的意思是，与弗洛伊德和他那个时代的科学主义相背离的说法相反，正是这种科学主义，或者可以说是对布吕克理念——从亥姆霍兹和杜布瓦雷蒙的还原生理学路径（即心理功能被还原到生理动因当中），到热力学的数理决
> 37 定论术语（后者在他们生前实际上已经完成）——的追随，
> 导致了弗洛伊德——正如他的著作所展示的——铺平了那

条永远以他的名字命名的道路。(p. 857)

也就是说，弗洛伊德的贡献在某种意义上不是提供了一种科学知识，而是指出了科学知识的缺席。精神分析始终强调主体与“不知道”的关系。也正是在这篇文章中，拉康将笛卡尔的**我思**作为现代科学的关联物，并认为笛卡尔本人误解了这种关联性，因为笛卡尔相信存在一个不会欺骗的上帝。因此，直到弗洛伊德才理解了笛卡尔我思的真正意义，他意识到，在我思中揭示的真正主体不是“我思”的自我，而是一个假定了能述的中止和消失时刻的无意识主体。

因此，任何将主体具身化的尝试（即在任何生物决定论的意义上去定义主体，例如，作为“人”）都与现代科学和精神分析的发现不相容。拉康如此狂热地坚信，使用任何目前可用的“科学”方法来确定对该主题的研究都是徒劳的，而只有心理学才勉强够得上“人的科学”这一令人反感的称谓。他指出，心理学通过“为技术统治论提供服务”，才找到了超越自身的方法（p. 730）。通过引用康吉莱姆（Canguilhem 2016）1958年的文章《什么是心理学？》，拉康指出，心理学“像平底雪橇一样从万神殿滑向了警察局”（p. 730）。鉴于拉康对心理学——他认为其带有生命政治的色彩——及其哲学自负——即了解人类的普遍性是为了能够将他带进警察局——的蔑视，我们可以看到，“科学与真理”的工作（2007）预示了拉康两年后在《研讨班XVII》中详细阐述的四大辞说。这篇文章是拉康四大辞说的引子，他详细阐述了三种不同的真理模式——形式的、有效的和最终的，它们在结构上分别与科学、巫术和宗教相对应。拉康暗示说，这些思想范畴反过来会在神经症、倒错和精
38 神病的不同主体结构，以及它们的**压抑**（*Verdrängung*）、**否认**（*Verleugnung*）和**排除**（*Verwerfung*）的认识论冲动中找到各自的表达。[1]

当前，被称为“科学”的思维方式对宇宙中“智能生命”状态的思考往往包含着令人费解的巫术、宗教和科学思维的混合。在这些辞说中，真理作为一种原因的立场发生了转变。以泰格马克（2017）对宇宙觉醒意识的反思为例：

> 在宇宙觉醒之前，美并不存在。这使宇宙的觉醒变得更加美妙和值得庆祝：它将我们的宇宙从一个没有自我意识的无意识僵尸转变为一个充满自我反思、美丽和希望——及追求目标的意义和意图的生机勃勃的生态系统。如果我们的宇宙从未醒来，那么在我看来，这将是完全没有意义的，只是对空间的巨大浪费。（p. 22）

泰格马克准宗教式的神奇情绪似乎与他对工具理性的评价

1 正如普鲁斯（2019）在他对这篇文章的评论中所说：“[拉康] 早先关于巫术和宗教的评论可以分别被总结为压抑和否定。虽然他明确表示宗教涉及的是对作为原因的真理的否定，但巫术与压抑之间的联系从未明确。也许他提到的巫术知识的晦涩可以被认为是这种压抑的结果之一。由于作为原因的真理在巫术——关于巫术功效的知识——中遭到了压抑，巫术为什么起作用对于它的实践者和参与者来说就成了一个谜。”（p. 299）

和对纯粹奇迹的惊讶无缝融合。拉康（2006b）指出，巫术思维需要对科学主体的知识进行伪装。在他看来，这是巫术的条件之一，它“将作为原因的真理以一种有效原因的形式伪装起来”（p. 742）。另一方面，宗教思想则以启示的方式，涉及作为最终原因的真理的末世论运作。至于科学，拉康说它“不想知道任何关于作为原因的真理的事情”；为了生产知识，科学必须以排除的形式发展，他称之为“成功的偏执狂”（p. 742）。与亚里士多德的四因论相对应，物质因果性是缺失的第四范畴，拉康会在《研讨班 XVII》中用精神分析的辞说来填补它。真理
的四种关系随后都以一种略微不同的构造被形式化为主人、大 39
学、分析家和癔症辞说，其中，科学与癔症辞说联系在一起，它不断生产新的知识。

真理与知识形式上的区别在拉康的教学中找到了最精确的理论迭代，它被界定为一种反哲学。拉康在 1975 年的《或许在万塞讷》（*Peut-être à Vincennes*, 2001）中首次谈及这一术语，随后在研讨班中，他只两次提到了这个概念。然而，这个术语并不是拉康自己发明的，尽管它起源于对理性主义的宗教批判。对拉康来说，至关重要的是要理解，反哲学不是一种神秘主义，也不是对不可言喻的人类灵魂或其他相关形而上学概念的宗教关注，相反，拉康的重点在于重申形式化的首要性，以及与哲学真理不同的知识生产结构。

就 AI 的精神分析而言，反哲学为我们提供了一个迄今为止从未有过的讨论 AI 利害关系的全新视角。这与其说是寻找

“新范式”来思考AI的问题，不如说是阐明拉康式主体如何已经存在于我们的人工智能概念中，以及它对两者之间的关系意味着什么。我们已经辨认出的这些内在的“不可能性”同时存在于精神分析和AI的核心。

反哲学起源于18世纪，是对法国启蒙思想的一种回应：当时的批评者试图捍卫教会权威和宗教教条，以抵御席卷欧洲的理性主义浪潮。但正如萨莫·汤姆希奇（Samo Tomšič 2016）指出的那样，对拉康来说，这个词具有完全不同的含义。并不是说相反的含义，而是说，在这一后弗洛伊德主义的新语境中，拉康将反哲学与现代科学革命及其对前现代的亚里士多德哲学和科学取向的影响联系在一起。对拉康来说，反哲学一词不仅仅是对哲学的肤浅拒绝，而是对其形式结构的质疑。准确地说，它是真理相对于知识的辞说地位，是拉康的观点中对“哲学的愚笨”（享乐的愚蠢）（Lacan 2001）的质疑。正如汤姆希奇
40 （2016）所指出的，反哲学将成为精神分析知识的转变中组成拉康**四艺**的支柱之一——其他三个学科是语言学、数学和拓扑学。根据汤姆希奇的说法，其他三个学科依赖于：

> 以科学现代性为条件的三个关键的去中心化：语言的去中心化，它悬置了语言的工具（语用）理论；知识的去中心化，它使知识与人类观察者分离；最后是空间的去中心化，这逐渐产生了非欧几里得几何学，并重组了思维空间。（p. 102）

汤姆希奇总结说，这三个领域，语言学、数学和拓扑学，每一个都可以说是与拉康工具论的特定维度相关的科学，也即分别是象征界、实在界和想象界。因此，反哲学这个四艺中的第四个术语将起到把博罗米结的三环联结在一起的**圣状**的作用，是一门恢复精神分析基础教学的“思维的去中心化”的学科（*ibid.*）。

拉康坚持讨论重要哲学人物的思想，这对他的精神分析理论发展的不同阶段是不可或缺的。但是，拉康之所以试图将精神分析的传播数学化，使用大量的符号、字母、代数公式和图表，是为了避免像弗洛伊德的发现因其诸如“日常化语言”的欺骗性外表而被胡乱诠释那样的劣化和误用。因此，在希腊语“ta mathemata”中，数元（matheme）是可以无损传输的（Johnston 2014, p. 254）。根据阿德里安·约翰斯顿的说法，拉康反哲学的一个主要议题是：

> 请注意这样一个事实：将精神分析作为一种深入的解释学来寻找心理痛苦的深层意义的哲学（和日常）概念，是对弗洛伊德及其在观念史上的地位无可救药的误读。（p. 255）

正如约翰斯顿所指出的，在拉康看来，正是由于伽利略这个名 41
字所代表的科学断裂，弗洛伊德的发现才成为可能。对将拉康称为反哲学家的观点的肤浅反驳往往依赖于这样一种反对意见，即拉康所说的哲学要么是大学辞说的代理（正如他在《研讨班XVII》的四大辞说中所阐述的那样），要么是德勒兹—加塔利式的哲学，即后六八革命时代[1]对精神分析进行的反俄狄浦斯式的攻击。然而，这些稻草人论证并没有触及拉康与哲学学科相关的重要性的关键所在。阿兰·巴迪欧用了整个系列研讨班去讨论拉康的反哲学观点（2018），将他与高尔吉亚、帕斯卡尔、卢梭、克尔凯郭尔、尼采和维特根斯坦等人物一起称作反哲学家。巴迪欧认为，现代哲学只有通过拉康才成为可能。事实上，巴迪欧将拉康列为哲学史上排在柏拉图和康德之后的第三人。

根据马修·夏普（Matthew Sharpe 2015）的解读，拉康在其后来的教学中声称自己是反哲学家，这有着许多相关的渊源。首先，他将哲学视为一种提取知识的历史文化实践。这源于亚历山大·科耶夫（Alexandre Kojève）的影响和他对黑格尔主奴辩证法的解读。因此，主人从来就不是知识之人，而是准备在争取承认的斗争中向死而战的斗士。主人将奴隶的实践知识或**技术**（*technai*）（他的**知—行**）转化为**理论知识**（*epistēmē*）。夏普在这里向我们指出了这种哲学范式的原始场景：拉康（2007）在《研讨班XVII》中将其定位于柏拉图的《美诺》（*Meno*）。其中，奴隶男孩被要求回忆他还不知道他已经通过苏

1 亦即“五月风暴”。五月风暴是1968年5—6月在法国爆发的一场学生罢课、工人罢工的群众运动，其直接原因是欧洲各国经济增长速度缓慢所导致的一系列社会问题。——译者注

格拉底的提问而获得的数学知识：“至于美诺，这里是 2 的平方
根和不可通约的问题。有人说：‘嘿，看，让那个奴隶过来，你
看不出来那个小家伙已经知道了。’”（Lacan 2007, p. 22）对拉
康来说，正是这种知识从技术性的知道—如何（奴隶在沙地上
画画）到理论知识（即欧几里得的几何）的转变，构成了前现
代哲学。“哲学从历史功能上来说就是这样一种提取方式，几 42
乎可以说，正是对奴隶的知识的背叛，才让它转化为了主人的
知识。”（*ibid.*）虽然这种将哲学作为主人辞说的特征——即将
整个哲学同质化为一种思想或一种学科形式——容易招致批评，
但拉康后来会将他的反哲学批评转向一个稍微不同的目标。夏
普（2015）向我们展示了拉康如何在《研讨班 XX》中再次提
出了批评，而这一次针对的是哲学家就其自身而言容易提出的
形而上学主张。拉康（1998）再次回到了哲学史上的前苏格拉
底时期。首先，可以说，我们的思维主体发生了巨大变化：

> 既然“我思”以自身为基础奠定了存在，我们就不得不迈出一步，无意识的一步……主体不是思考的那个人。这个主体正是我们鼓励的主体，他没有说出一切，就好像我们告诉他是为了吸引他一样——他没法说出一切——而是说主体是一种十足的愚蠢。那才是关键。（p. 22）

在这里，拉康指的是被他视为源自爱利亚诗歌的巴门尼德的前现代哲学的基本假设，特别是这段话：

> 因为如果没有与它相关的存在，你就无法找到思维。因为在存在之外，既没有也不应该有任何东西，因为命运（莫伊拉）将它限制在了完整和不动的范围内。因此，这一切都将只是凡人定下的名字，他们确信它们是真实的：将生者与已逝者，存在与非存在，还有地点的变化和闪亮的颜色的变化。（引自 Sharpe 2015, p. 11）

对此，拉康（1998）指出：

> 正是因为他是一位诗人，巴门尼德才以最不愚蠢的方式向我们说出了他必须对我们说的话。否则，存在就是，非存在就不是。我不知道这对你来说意味着什么，但就个人而言，我觉得那很愚蠢。（p. 22）

43 拉康将对思维和存在的忽略视为在黑格尔的“存在即合理”之前的整个西方哲学的范式（Sharpe 2015, pp. 11–12）。在拉康看来，一个错误的假设是，认为所有可以被思考的东西必然是存在的，或者认为世界是思考它的主体的一面镜子。正如夏普（2015）所指出的那样，拉康将这种存在和思维同一化的想象性格式塔归因于源自亚里士多德的宇宙球形概念的基本的前现代公理。然而，他认为现代科学的出现带来了决定性的突破。这不是来自将地球从宇宙中心移开的哥白尼革命，而是来自开普勒对恒星椭圆轨道的发现。所有天体转移到双极椭圆的一侧，而另一侧则始终是一个空白空间。

归根结底，拉康将现代科学学科的开端视为笛卡尔的我思。拉康（2006b）认为笛卡尔的我思不是一个会思考的实体化存在，而是一个准时消逝的时刻。我思的这种述行特性只能保证存在着思维本身，而不能保证存在着思考之物。正如他在《科学与真理》中所说：

> 这就是为什么值得重申的是在写作测试中，**我思，“故我在”**——第二个从句要加上引号。很明显，思想只能通过将自身扭结在话语当中，通过话语的运作抵达语言的本质，才能奠基存在。（p. 734）

在《研讨班 XI》中，拉康给出了他对我思“作为我思与我在之间的强制选择”的解释（Dolar 1998, p. 18）。在这里，拉康区分了思维和存在；必须在两者之间做出选择。如果一个人选择思考，他就必须放弃存在，反之亦然。拉康的观点是，在这种强制选择中，一旦迈出了第一步，我在就不会跟随。思维依赖于能指，它把主体变成了能述的空洞点，而不是找到他/她的存在。取代主体存在的假定确定性的只是一个空洞而已。正如多拉尔解释的那样：“思维和存在的主体不同；存在的主体不是思维的主体。更重要的是，那个存在的主体最终根本就不是一个主体。”（p. 19）简单地说，拉康（1977）的观点就是 44

存在和思维是两个不同的概念。回到我们先前的关于人工智能的哲学方法，他们对失败、欺骗、不可计算性和愚蠢的担忧，我们可能会认识到某种不可能性正在出现。这种不可能性的产生是由于拉康所说的分裂或被划杠的主体。正是这种存在与思维之间的分裂从根本上改变了我们将 AI 概念化为“思考之物”的方式。拉康主体理论的核心就是存在和思维之间的这种分裂。他对 AI 的哲学概念化提出了不同的看法，即人工智能是一种智能的离散形式，与所谓的“实在智能”相对应。知识的主体已经在能述的真理和辞说产生的享乐之间产生了裂痕。拉康（1998）当时反对哲学的主要论点是对感知的主张，对他来说，这与精神分析的**真理**不同，因为“无意识是存在通过说话而享乐的事实”（pp. 118–119）。也许最好不要将 AI 设想为一种思考的东西，而是一种被思考的东西，或者正如拉康（1998）所说：

> 我将科学问题界定为一种传统问题，因为它来自亚里士多德的思想，它意味着被思考的东西（le pensé）在思考的形象当中，换句话说，存在在思考。（p. 105）

人类主体是**被**语言**说出**的，这是由于——正如拉康（2009）在《眩晕》中所阐述的那样——这种享乐作为精神分析的真理是一种**非–感知**（*ab-sens*），一种感知的欠缺（absent）。这种非–感知是符号化中的洞，也被称为**不存在的性关系**。拉康式的性的非关系最终作为一种被阉割的器官被定位在语言的维度内，因而是享乐的产物。因此，关于真理的哲学问题被关于享乐的**反哲学的**精神分析问题所取代。这意味着形而上学的知识变成了性的知识。对人工智能的精神分析（与哲学相对）是享乐的问题，而不是“感知”的问题。在下一章中，我将考察这种享乐的**对象**。

49 第三章　人工对象

> **世界**的神奇功能性的神话与**身体**的神奇功能性的幻想有关。世界的技术行为范式与主体的性行为范式之间存在着直接联系。从这个角度来看，小玩意儿（gizmo）作为一种终极工具，基本上可以说就是阳具的替代品，因为阳具是功能的一种**卓越的**操作媒介。
>
> ——鲍德里亚（2005b, p.126）

1. 黑镜与抽灵机[1]

2016年，埃隆·马斯克（Elon Musk）创立了Neuralink。这家公司致力于打造一种可以无痛、安全、高效地植入人脑的“脑机接口”。根据马斯克的说法，这种由成千上万根微纤维组

1　本节的部分内容改编自我的论文“*Black Mirror*: From Lacan’s Lathouse to Miller’s Speaking Body”(2018), *Psychoanalytische Perspectieven* 36(2), pp. 187–204。

成的植入物可以通过机器人手术穿透脑组织，模拟神经元放电，50
从而被用于瘫痪或失明等脑损伤的治疗手术。迄今为止，该接口仅在老鼠和猴子身上进行过测试，但 Neuralink 目前正在申请 FDA 许可，以将其用于第一个人体测试对象。从根本上说，马斯克公司的目标是将 AI 与人脑融合，创造出一种智能的超人形式，且人类仍有可能“控制”这种智能。然而，我们目前还没有人类主体被植入接口的相关经验数据。

查理·布鲁克的反乌托邦科幻剧集《黑镜》探讨了这种技术潜力所引发的焦虑。该剧集阐明了由破坏身体和大脑的新 AI 形式引发的伦理和概念问题。技术从根本上重组了我们的力比多经济、知识生产系统和现实感知。[1] 通过将人类主体置于实在、符号和想象维度的经验场景中，《黑镜》描绘了人类的焦虑与人工智能的紧密关联。

《方舟天使》(*Arkangel*)(Foster 2017) 这一集讲述了母亲玛丽和她的女儿莎拉的故事。玛丽有一天发现女儿不见了，后来在铁轨上找到了她。玛丽对此感到害怕，于是决定参加一项科学试验，在孩子的大脑中植入一个永久的监控跟踪系统，并将之连接到一个设备上，以便可以完全监控莎拉的下落和她的身体状况，甚至监测皮质醇水平，从而能够在她目睹令人痛苦

1 毫不奇怪，该系列剧集引起了文化批评和哲学思辨领域的极大关注。2019 年出版了题为《黑镜与哲学》(Johnson 2020) 的论文集，其中五个系列的每一集都由不同的作者进行分析，以解决特定的哲学问题。然而，令人惊讶的是，该剧集具有明显的精神分析色彩，但参考索引仅包含一个关于弗洛伊德的条目（一个关于死亡冲动的段落）。

的场景时立即进行干预。该设备也能够过滤孩子接收到的图像或音频。它不仅能够提供地理和生理数据，还允许玛丽随时掌握她的孩子正在经历的视听信息。莎拉完全屈从于其母亲的欲望。

51 随着女儿长大，玛丽意识到她的过度保护措施可能产生了不利影响。八岁的莎拉因无法理解遇难者的表情或无法了解受伤者的情况而感到沮丧。我们看到，莎拉用铅笔疯狂地刺破自己的手指，喷溅出来的血液模糊了整个监控系统。玛丽发现她痛苦的女儿刺伤了自己的手，于是决定带她去见治疗师。值得注意的是，玛丽提到了自闭症[1]，她认为她的孩子缺乏理解或阅读他人情绪的能力，甚至包括自己的情绪。但治疗师拒绝了这个假设，并建议可以尝试关闭设备，让莎拉开始体验未经母亲过滤和监视的生活。玛丽同意了。不久之后，莎拉就被她的同学带入了网络色情和严峻暴力的现实世界当中。在接下来的几年里，没有方舟天使的注视，她只能自我保护。直到十五岁的一天，莎拉一整个晚上没有回家。母亲惊慌失措，打开了方舟天使装置，发现莎拉正在做爱。于是，玛丽再次开始使用该设备，并目睹了她的女儿和男友在一起吸食可卡因。

母亲继续监测莎拉的身体机能，却发现莎拉怀孕了。于是，玛丽将紧急避孕药滴入莎拉的早餐当中。莎拉因此在课堂上呕

1 虽然极端的自闭症患者可能不在社会纽带范围内，但鉴于我们日益依赖智能计算形式，人工智能也进入了社会纽带中，了解自闭症的享乐模式至关重要。自闭症结构的议题将思维限制在对逻辑和数学系统化的巧妙使用当中，这暴露了其企图避免他者的享乐进入公式的创伤性入口。鉴于自闭症患者倾向于特定的系统，那么技术和数字革命的兴起伴随着自闭症主体出现和诊断的大量增加，这是否令人惊讶？

吐，并很快就发现了原因。莎拉跑回家，疯狂地在房子里翻找她母亲的设备。惊恐万分的莎拉发现，她的母亲一直在监视她生命中的每一刻。母亲不仅精心策划了她的分手，甚至流掉了她的孩子。玛丽试图说服女儿，说她使用这个设备只是为了保护莎拉。但莎拉没有得到安抚，而是用方舟天使设备反复殴打母亲的头。神奇的是，由于过滤选项被重新打开了，莎拉无法 52
完全看到她对母亲的脸所施加的残暴。

我们如何解释这种反乌托邦式的母女关系？母亲的行为在方舟天使的帮助下变得越来越具有控制性，她的欲望完全不受约束，因此，莎拉成了玛丽的绝对对象。从女儿的角度来看，玛丽甚至占据了目光的模糊外密的位置。但这不仅仅是一个过度养护的道德故事。莎拉从几乎无法识别痛苦的自闭症突然变成不得不破解和同化过多的神秘刺激和能指。方舟天使设备不仅可以调节她的欲望，还可以操控她的冲动。这种人工对象的入侵会“在实在的层面上”对莎拉产生影响吗？

在《研讨班 XVII》(2007）中，拉康提到了**抽灵机**的概念。这是一种吸走享乐，并以编码形式将其不可磨灭地铭刻在**真理球**（*alethosphere*，源自 alethia——希腊语中的“真理”一词）上的装置。起初，拉康指的是在他的研讨班上使用的录音机。录音机能够删除和记录声音的享乐，并将之编入一个共享意义的领域，使其他人也能够**听“享”**（*j-“ouïr”*）[1] 拉康的与身体相

1　拉康惯用的造词游戏。由 jouir（享用）和 ouïr（听到）拼接而来。——译者注

分离的声音。然而，拉康并不只是关注参与这项操作的小装置（他也不关心享乐的商品化形式），更确切地说，他关心的是通过某种器具形式抽走身体享乐的可能性。可以说，拉康的理论的含义比当时的类似技术更进一步，而且他的暗示也似乎预指着在其死后不久发生的数字革命。拉康（2007）指出：

> 抽灵机在这个世界上与日俱增。[……] 没有任何理由去限制抽灵机的大量增长。重要的是要知道，当一个人与这样的抽灵机真正建立关系时会发生什么。（p. 162）

我们可以推断，这就是拉康设想的用以概括由科学辞说和资本
53 主义辞说之间的联盟所引发的社会纽带的新条件的东西。他认为，抽灵机提供了一种不可能的功能：

> 很明显，要保持抽灵机的位置是完全不可能的。[……] 如你所知，我是在不可能的层面上定义什么是实在的。[……] 这构成了抽灵机的位置的一部分。（p. 163）

值得注意的是，拉康在这里认为抽灵机占据了实在的位置，可以简单地将其等同于**对象 a**。但是，作为科学的具现产物，这个人工对象**在实在中**具有影响吗？拉康创造这些新词是为了推测这些“小装置”对享乐形式及它们所属的“形式化真理”领域的日益增长的重要性和影响（pp. 161–162）。一方面，真理

球预置了一个球形的、自成一体的广阔世界。在这个世界中，主体被插入他自己独特的享乐模式中，但又被大他者记录了下来。我们可以认为，这是在描述鲍德里亚的“超真实”主体的状态。这些主体存在于一个复杂的符号系统中，与所谓的“现实”完全脱节。但如今，真理球超越了符号在视觉领域的价值，并在算法的无限复杂的规模上运行了起来。

另一方面，拉康说，抽灵机是“我们在每条街道的拐角处，在每扇窗户后面［……］找到的对象 a。它被设计成你欲望的原因，因为现在是科学在控制它”（p. 162）。正如拉康解释的那样，抽灵机是一台机器，是一个用于抽走享乐的人工对象。它是一个结合了法语“风”（vent）的新词，暗指来自肺部的呼吸。它既是“风口”的吸盘，又通过希腊单词 *ousia* 代表着灵魂。拉康提出的关键不仅在于这些对象是欲望的原因，还在于它们包含着某种冲动。从这个意义上说，它们是不可能的对象。它们试图捕捉身体的享乐，从而使我们的享乐的真相能够被大他者的真理球记录下来。虽然拉康可能没有想到未来我们的口袋里会有一部智能手机，能够让我们即时访问百科全书信息、全球新闻，甚至与陌生人发生性关系，但拉康料想科学很快就会有一种用来收获和记录这些欲望对象的有效方式，从而彻底 54
改变我们追求它们的方式。但在当代，可以被抽灵机捕获的不仅仅是声音。声音只是一个冲动对象，它可以通过这种装置的工作被模拟和管理。抽灵机可以被认为是一种试图从身体中抽空享乐的功能，或者更准确地说，调节和管理身体的功能。

方舟天使设备就是这样一台抽灵机。它抽走了莎拉的享乐，并将之放置到了真理球中，在大他者的层面上进行了登记。然而悖论的是，莎拉的享乐（部分地）以不可能完全理解大他者的享乐为条件。在故事的结局中，莎拉发现自己无法应对自己处境的波动，当她发现母亲的监控设备后，她在方舟天使的屏幕上遭遇到了一出**戏中戏**（*mise en abyme*）。这向莎拉展示了在一种目光中朝向她自身目光的无限退行。莎拉完全疏远了她的社会交往，无法对他人的痛苦做出适当的反应，也无法理解自己的痛苦。她的身体变得无法适应社会纽带的要求。她与她的身体的关系对她来说是陌生的，这体现了方舟天使在支配她的生理反应和干预幻想空间上的主权地位。

如果我们认真思索技术科学在现实中产生的前所未有的影响，那么这些对象是否就值得进一步考察，而不仅仅被视为一种消费主义的害虫？在《研讨班 XX》中，拉康（1998）指出：

> 科学辞说产生了各种各样的工具。从我们的有利位置出发，这些工具必须被界定为一种小装置。你现在比你认为的更是一个工具的主体：从显微镜到无线电视，它们都正在成为你存在的元素。你目前甚至无法衡量它的重要性，但它仍然是我所说的科学辞说的一部分。因为辞说决定了一种社会联系的形式。（p. 82）

就像汤姆希奇（2012）所问的，如果抽灵机这样一个奇怪对象

不是在科学发现和发明之间的极限点上存在着，那么它究竟是
什么？问题是，除了将那些可能被引发的潜在灾难戏剧化之外，55
我们还能如何严肃地参与AI与身体融合的概念化影响？如果说分析AI影响的标准方法通常是批评社会以牺牲“人类利益”为代价，完全受到了数据工具化的支配，那么可以说，对抽灵机的概念化和精神分析考察还尚未展开。

在某种程度上，我们可以将拉康对真理球和抽灵机的双重概念化视为阐明与人工智能问题相关的两种不同模式。首先，真理球让人联想到一个自成一体的世界形象，意义在其中的符号坐标的系统中流转。这是一种通过算法收集数据，以追求“无头”知识的机械秩序。这也是一种大学辞说，它在拉康的四大辞说中占据了代理地位（我们将在第四章进一步讨论）。此外，它也符合在拉康对“哲学”的批判中可能被称为“球形思维”的东西，正如我们在第二章中讨论的那样。换句话说，这是一种知识可以是“绝对的”错误观念。要想获得准确的现实图景，只需要收集足够多的关于自然的事实。而这也是科学（以大学辞说为幌子）所追求的整体幻想。但是抽灵机在一个完全不同的层面上运作。我们可以说是在一个**非-全**（*not-all*）的层面上。抽灵机不仅关心收集数据，而且有可能在享乐的层面上干预身体，以便在现实中创造新的效果。

从拉康（2013）关于父之名的简短讲座中，我们发现了一个有趣的地方。这一集的标题和主要角色的名字具有某种圣经的意味。这个讲座开始于拉康的《研讨班XI》之前，它简要阐

述了父之名在犹太—基督教传统中的实在、符号和想象功能，并分析了亚伯拉罕接收上帝的命令，牺牲他的儿子以撒的故事。在圣经故事中，天使的作用是在最后一刻阻止亚伯拉罕杀死他的儿子，而代之以羔羊献祭。这一举动的含义在历史上和宗教上都有许多不同的解释。其中一个主要的神学问题是天使对于
56 上帝话语的权限的观念。这究竟是对上帝的反复无常的否决，还是说天使只是作为上帝信息的媒介，让亚伯拉罕知道他正在接受考验？就黑镜叙事中的父之名而言，方舟天使正是服务于这个模棱两可的功能。一方面，它是科学掌握 S_1[1] 的渠道，它仅仅是大学辞说的使者；另一方面，它还充当了一个假定的父亲，一个自主、反复无常且没有正当性的法律制定者，用拉康（1992）的话来说就是“大混蛋”（Great Fucker）。顺便说一句，在拉康的文本中也有莎拉的名字。她是亚伯拉罕的妻子，也是以撒的奇迹般的九十多岁的母亲。在被献祭的孩子出生时，她已经九十一岁了。这个现代寓言中的方舟天使远非用来监督莎拉未来孩子的安全，而是用来帮助母亲让孩子堕胎。

在弗洛伊德的意义上，抽灵机形式的方舟天使是一个稽查员，但它改变了在世代层面上运作的感官体验的坐标，或者实际上是对欲望的否定和对享乐的统治及管理。在这种情况下，方舟天使设备并没有将鲍德里亚的真实提升为一种超真实的经

1 S_1 在拉康的精神分析理论中被称作“主能指”，即为其他所有能指表征主体的那个能指。主能指标记了主体在话语结构中的位置，因而也标记了主体在话语的社会关系中占据的位置。——译者注

验，而是抑制了“真实”，是一种**亚真实**，比真实更少。

关于冲动身体上的抽灵机的功能，我们可以在这里参考拉康（2007）对术语“操感”（operceive）（p. 160）的使用。该词包括“操作”（operational）和“感知”（perceive）两个词，它似乎总结了科学与对象 a 相结合，从而创造出了新形式的感知能力。他写道：

> 我们可以在“操感”中找到一个地方来构建科学。我感知到的，我声称是新颖的，实际上都会被一种操感所取代。就科学仅是在能指秩序中形成的而言，它所构建的是先前从未有过的东西。这就是重要的地方：如果我们想要理解它究竟是什么，首先就应该忘记它产生过的影响。对我们所有人来说，由于科学可能充当主人辞说的这一事实——我们没法知道在多大程度上——我们每个人首先都被确定为对象小 a。（p. 160）

在这里，我们看到了一个问题：如果 AI 以高度复杂的抽灵机 57
的形式出现，将欲望延伸到如此程度，以至于父权禁令发生了短路，那么它将如何干预幻想空间？抽灵机如何充当享乐的管理者？这种“**操感**”似乎暗示了抽灵机具有对冲动身体产生物质影响的潜力。换句话说，这些人工对象是否在**原始**层面上与冲动进行互动？

2. 假体上帝

雅克-阿兰·米勒（2004）在他的演讲《幻想》(*A Fantasy*）中描述了他所看到的文明的新辞说，其中，**对象 a** 占据了代理的位置。米勒认为，随着工业文明取代农业文明，所谓的自然的指南针已经被摧毁。或者正如他所说：

> 农业文明通过自然，通过四季更替找到了方向。当然，一些怀有好意的人正在重建一段气候史，但这段历史并没有改变农业文明四季更替的节奏。因此，事实上，可以在季节和天空中找到一个人的方向和一个人的符号。农业实在是属天的；它是大自然的朋友。然而随着工业的发展，随着所谓的工业革命，一切都被一点一点地冲走了。这些技巧被加倍了。现在我们不得不注意到，实在正在吞噬着自然，它正在替代自然，并且增殖。这里我们有了第二个隐喻：用实在替代自然的隐喻。（p. 5）

米勒从这里继续建立新的文明指南针。由于它脱离了大自然恩赐给我们的属天的节奏，所以它必然是**对象 a**。它是可信赖和可依靠的，因为它始终保持着它作为现实中的裂缝的地方。然而，这里似乎存在一个悖论。正如齐泽克（2017）提醒我们
58 的那样，就无意识而言，从来没有自然这样的东西。齐泽克认为，人类从来没有真正信任过“自然”，甚至怀疑太阳是否会

在早晨升起。这就是为什么他们要发明这么多神，来解释所谓的自然母亲的反复无常。在拉康看来，实在是始终保持在其位置上的东西。然而，米勒似乎暗示的是，由于科学和资本主义的联盟及它们带来的技术科学的具现对象，情况已经不再如此（Miller 2013a，b）。因此，齐泽克指责米勒对实在的描述是错误的，因为在他从自然的实在过渡到"纯粹的无法则的实在"的过程中，失落的也许是拉康的实在本身，剩下的不过是一个形式化的纯粹僵局，或者换句话说，一个不能被符号界穷尽的实在。因此，当米勒（2013a）说：

> 当实在中没有混乱时，实在的名字就叫作自然。当自然是实在的名字时，你可以像拉康那样说，实在总是返回到同一个地方。[……]我会说资本主义和科学相结合，它们结合在一起使自然消失了。而随着自然的消逝，剩下的正是我们所谓的实在，也就是一种残余。而且，从结构的层面上来说，这种实在是无序的。资本主义—科学二元的进步以一种无序的、随意的方式触及了实在的各个方面，而无法修复任何关于和谐的理念。

齐泽克将这种对实在的具现化视为一种技术恐惧症的幼稚或后现代的困惑，但他会不会错过了重点？米勒继续指出，实在之为自然的时代具有大他者的大他者的功能，而我们当下的时刻则是一种**没有**大他者的大他者（Miller 2013b）。这是米勒对拉康（2019）在《研讨班 VI》中提出的“大他者的大他者不存在”（p. 291）的引述。根据齐泽克的说法，米勒将资本主义与技术科学的联姻视为一种“法则之外的实在”的观点仅仅是对实在中固有的结构性对抗的否定。

回到拉康（2007）所说的抽灵机的概念：“就科学仅是在能指秩序中形成的而言，它所构建的是先前从未有过的东西。”（p. 160）维罗妮克·沃鲁兹（Veronique Voruz 2013）指的正是
59 这些非自然的技术科学的对象。这些对象是由科学与资本主义在**真理球**的维度相结合而产生的。她指出：“对象对身体的替代是**对象 a** 的一种更为典型的伪装。真理球产生了抽灵机，也就是科学的实在的对象。”米勒对实在的首要关切是，这些由科学产生的新对象的地位是什么？它们是否与从身体中掉落的**对象 a** 相同——无论是自然地掉落还是因能指的效果而掉落？米勒（2013b）问道：“问题是这些新对象是全新的，还是说它们只是原初**对象 a** 的一种重构形式？”米勒的上述问题似乎是 AI 与冲动身体的实在之间关系的关键。

为了澄清这一点，技术科学和“法则之外的实在”的问题也许可以求助于弗洛伊德来解决。

在《文明及其不满》（*Civilization and its Discontents*）一书中，弗洛伊德（2004）以一种怀疑的态度表达了他对现代主体性的简短看法：人是一个**假体上帝**（*Prothesengott*）。由于技术对科学的具现化，人类主体在追求全能和全知的过程中，被赋予了各种辅助器官。然而，这些假体器官并没有兑现它们的承

诺：人没有成为真正的神，而是在不断寻找新的方法来超越他的身体限制。弗洛伊德评论说，这点由下面这个事实证明：这些辅助器官与有机体并不是一体的，并且永远不会成为一体。假体上帝天生就有缺陷，并且是与生俱来的缺陷。他永远无法实现其所设想的效能和启蒙，而只能利用他的辅助器官在冲动对象的周围不停环绕。

这里的重点是，弗洛伊德区分了生物身体和冲动身体。活的身体被分裂在解剖学和能指效果之间。正如汤姆希奇（2012）指出的："弗洛伊德对假体上帝的描述不仅仅是对技术主体的讽刺，还是对能指主体的另一种描述。因为能指在身体的水平上产生了生物身体和言说的身体——拉康后来用'言在'（parlêtre）[1] 来命名这一术语——之间不可还原的非-关系。"（p. 146）

弗洛伊德（2004）写道： 60

> 人类已经成为一个带有人工肢体的［假体］上帝。当他把所有的辅助器官都戴上时，他给人留下了深刻的印象。但它们并没有成为他的一部分，甚至偶尔会给他带来很多麻烦……在遥远的时代，这个领域将会出现新的且可能是难以想象的文明成就，来增强人的神性。但是在我们的研究中，我们也要记住，现代人并不喜欢他的神性。

1　拉康惯用的造词游戏，由法语单词 parler（言说）和 être（存在）结合而来，意指人类是一种言说的存在。——译者注

（pp. 36–37）

在弗洛伊德写作的20世纪30年代，文明及其不满已经随着新的、激进的媒体形式的出现得到了重大改造（Kittler 1999），但是如今，对身体和大脑的侵入式生物技术的干预使器官本身的概念也成了问题。弗洛伊德似乎只是在描述我们所熟悉的科幻对于未来技术对人体的冲击的顾虑，但实际上，他所说的比看上去的更加微妙。这与一些评论家对他的理解恰好相反。

在《技术与时间》（*Technics and Time*）中，伯纳德·斯蒂格勒（Bernard Stiegler 1998）试图重新思考人类与技术对象或“技术”——斯蒂格勒用这个术语来指代所谓的组织化的无机物质——之间的关系。斯蒂格勒的计划是探索作为**后种系生成**（*epiphylogenesis*）——表观遗传经验在技术对象中的保存——的技术历史。在斯蒂格勒看来，后种系生成标志着与遗传进化的决裂（他认为，遗传进化不能保留经验教训），这种决裂也构成了人类的“发明”。正如他在《技术与时间I》中所说：“作为一种‘外化过程’，技术是通过除生命以外的方式对生命的追求。”（p. 17）斯蒂格勒将柏拉图的《普罗泰戈拉》（*Protagoras*）中普罗米修斯和爱比米修斯的神话作为一种人化的寓言。普罗米修斯健忘的弟弟爱比米修斯接手了他哥哥为动物世界分配品质以创造自然平衡的任务。在这一过程中，爱比米修斯忘记了为人类留下任何品质。而普罗米修斯没有任何东西可以给人类，于是他从众神的铁匠赫淮斯托斯那里盗走了火。由此，人类就被赋予了**原始工具**或技术。作为一种技术性存在，人类的命运是通过火被锻造出来的。对斯蒂格勒来说，人类是一种先天缺乏品质或“本质”的生物，他只能通过技术或者说**技巧**来支撑自己。斯蒂格勒引述了古生物学家勒鲁瓦-古尔汉（Leroi-Gourhan）的工作，断言人类之前的所有生物都有两种形式的记 61 忆：DNA 记忆和中枢神经系统的个体记忆。然而，这些系统并不互通。因此，这些生物无法将个体经验传递给下一代。一旦人类进化为双足形式，解放了他的前肢，并能够通过展示他的脸来进行交流，“工具”的发明就成为可能。工具成为第一种允许保存文化制品的记忆支持。因此，技术就是这种记忆的外化。

斯蒂格勒引用了柏拉图在《美诺》中的对话来解释奴隶男孩在沙地上绘制的形状是如何引领几何学的发明的。然而，他以此强调可理知之物和可感知之物之间的柏拉图式对立——即**逻各斯**和**技艺**之间的对立——使得几何思维表面的抽象过程的物质性本质无法被理解。因此，在《美诺》中，形而上学随着**对记忆的原始技术性的否定**而形成。柏拉图作为政治学的奠基人，同时也是思想技术性的宿命否定者，他进一步否定了法律和政治生活的技术性。

斯蒂格勒的计划阐明了其所谓的我们时代的**药理学**悖论：将能力外包到数字技术或**记忆术**（*mnemotechnics*）（在马克思主义术语中被称为人类劳动的无产阶级化）的“黑匣子”中，这既是一种收获，也是一种损失。我们收获了技术的发展，但可能也损失了人类的有机能力：机体在“人工”提供服务时产生的**生成—冗余**（*becoming-redundant*）。斯蒂格勒将个体化和主体化的过程视为由记忆的表达所定义的过程，他将之称为**语法化**（*grammatization*）。这种**记忆术**是知识从有机物到无机物的外化。正如斯蒂格勒所说，存在或“持–存”是一种预期、记忆或增强的技术经济。斯蒂格勒告诉我们，语法化是各种形式的记忆外化的历史，包括神经和大脑记忆、语言、听觉和视觉、身体、肌肉和生物遗传。一旦外化，记忆就通过社会组织的经济投资成为社会、政治和生命政治控制的对象，这些社会组织通过包括机器工具、数码装置甚至家用器具在内的记忆术器官联结到所有的心理组织。用斯蒂格勒的话说，将操作委托给机
62 器意味着跨个体化过程被改变，并且在某些情况下，这一过程被危险地短路了。不仅理解的**分析**能力被赋予了机器，而且理性的**综合**能力被彻底消灭了。在斯蒂格勒看来，这就是为什么语法化的思维呼唤着一种“通用器官学”（2014）。这是一种联结身体器官、人造器官和社会器官的理论，它开辟了技术增强的**药剂**（phamarkon）所呈现的积极可能性，且限制了它的毒性。

在斯蒂格勒的当代作品中，从《象征的贫困》（*Symbolic Misery*）系列开始，他（2014）发现了先进的技术形式普遍入侵社会纽带的危险。然而，与博斯特罗姆认为的超级智能是物种层面上的沉重性打击这一夸张问题不同，斯蒂格勒更关心主体层面上的生命政治和美学维度。他将对这种事态景象的近乎末世论的诊断称为一种“象征的贫困”。在斯蒂格勒（2014）的观点中，生命政治已经达到了一个饱和点，在此，一种象征

的贫困正在展开。在超工业时代，技术完全侵占了象征，视听和数字机制逐渐完全控制了我们身体和“灵魂”的节奏。斯蒂格勒（2014）指责弗洛伊德没有完全理解技术对象在其激进的本体论中的意义。但是，斯蒂格勒（2014）是否错过了弗洛伊德谈论假体上帝时的重点？他认为：

> 这种假体的命运并没有像我们在阅览《文明及其不满》时所认为的那样在20世纪出现，而是代表了一种对起源的原始默认，即父亲遭到了所有技术武器的**原始谋杀**。这些技术中的第一个就是刀，是《图腾与禁忌》中的刀，就像以撒之为祭品一样。但弗洛伊德不知道如何对此进行思考。（p. 12）

可以说，斯蒂格勒在这里并没有意识到阉割的逻辑，而这一逻辑正是弗洛伊德在《图腾与禁忌》（*Totem and Taboo*, 1913）中描述的原始谋杀。虽然斯蒂格勒指责弗洛伊德在他的技术对
象理论中回溯得不够远，但事实上，不正是斯蒂格勒自己的研 63
究还不够远吗？杀死图腾父亲的刀实际上并非第一个技术，正是由于弗洛伊德对此非常了解，他才不得不求助于神话这一媒介来表达他的观点。被弗洛伊德理解为所有技术中的第一个的，是“性”，尽管弗洛伊德可能并不会这么说。性欲是原始的“人工”发明，标志着言说存在进入了符号界，并与动物王国分离，从生物身体走向了冲动身体。弗洛伊德并没有预测到人类可能

会被某种完美的类神版本的自身所取代，这种类神版本是全能和全知的（例如，以库兹韦尔的奇点的形式）。弗洛伊德认识到了这种假体上帝的内在幻想结构。他实际上承认了一个事实，即人类之所以是**人类**，正是因为他无法通过辅助器官找到满足感。这些器官只会在它们的部分冲动对象的周围绝望地流转。与斯蒂格勒（1998）假定存在的技术性是由爱比米修斯的错误这一创始神话所断言的相类似，弗洛伊德已经察觉到了人类的某种缺陷或错误（或**无能**），其存在永远靠假体维持。

在《图腾与禁忌》中上演的原始谋杀也是不存在的性关系与其产生的男女享乐形式之间的顽固对抗的一种表现形式。我们将在第四章中讨论这一点。

在《什么让生活值得一过》（*What Makes Life Worth Living*, 2013）一书中，斯蒂格勒回到了普罗米修斯的神话，在药理学的立场上探讨了力比多的影响：

> 火是一种出类拔萃的**药剂**。在文明的进程中，它不断地冒着点燃文明的危险。作为技术和欲望的共同标志，它构成并阐明了**必要默认的双重逻辑**：
>
> • 弗洛伊德所展示的逻辑，它是通过“完善器官”来运作的，这是一个无休止地**取代**器官和器官逻辑默认的过程，作为技术，这种默认是必要的；
>
> • 拉康所试图描述的“缺乏”的逻辑——这**绝不仅仅是一种缺乏**，相反，它是**必要的**：是斯多葛式的类原因。

> 因此，就技术形成了欲望的视野而言，它在药理学上构成了一种默认，同时开辟了两条对立但不可分割的路径：冲动路径和升华路径。（p. 24） 64

因此，正如斯蒂格勒解释的，如果不诉诸主体的力比多经济，我们就无法理解技术的药理学。那么，我们将如何解决斯蒂格勒关于 AI 的**“操感”能力**的药理学问题？这是否触及了齐泽克和米勒在所谓“21 世纪现实”问题上的分歧的症结所在？在这种 AI 与人类身体的辩证法中，主体和冲动的问题如何体现？斯蒂格勒对**冲动**与其技术对象之间不断变化的关系的暗喻和抽灵机的概念产生了共鸣：抽灵机是一种管理身体享乐的外密的“非自然”对象。

在斯蒂格勒的脉络中，冲动的记忆术的潜力被外化、增强并编码到真理球中，这对享乐的维度及其与知识的关系提出了质疑。症状的技术—器官本质的语法化（斯蒂格勒也许会这么说）正是关键所在。正是在这种情况下，抽灵机作为一种对象的不同形式才具有了重要意义。根据这种解读，如果**对象 a** 位于欲望转喻的一边，那么抽灵机就位于冲动和身体的一边（图 3.1）。

对象 a = 欲望 / 意义；抽灵机 = 冲动 / 感知–非性

图 3.1　对象 a 与抽灵机

这对应于从追求“意义”的欲望的转喻运动到围绕享乐的

非性–感知（absex-sense）的冲动流转的转变。但这究竟意味着什么？我们可以说，抽灵机是一个将内在性转化为外在性的外密对象，反之亦然。因此，必须强调的是，抽灵机是一个在生物身体和冲动身体之间分裂的**对象**。如果我们回想一下洛克的蛇妖思想实验，以及关于人类和 AI 融合的奇点性的（和阳具性的）推测，身体的问题要么完全缺席，要么是一个永久折磨的场所。
65 但恰恰是由于对完全（wholeness）的幻想在人工智能的辞说中如此普遍，作为一种**非–全**（*not-all*）的抽灵机被回避了。

通过《什么是性？》（*What is Sex?*）一书，阿伦卡·祖潘契奇（Alenka Zupančič 2017）引起了人们对安德烈·普拉托诺夫（Andre Platonov）的《反性机》（*The Anti-Sexus*）的关注。这部作品写于 1926 年，是一部短篇小说，由普拉托诺夫从法语“翻译”而来，其中

> 宣传了一种电磁仪器，承诺以高效和卫生的方式来体验性冲动。该设备有男用和女用两种型号，每个设备都配有一个特殊的快感调节器，可以适用于个人或集体……公司的使命［是］“废除人类的性野蛮”。……反性机……有很多好处和应用：它非常适合在战时维持士兵的士气，和提高工厂工人的效率……它还能通过将性愚昧从程式中排除出去而促进真正的友谊和人性的理解。（引自 Zupančič，Schuster，p. 27）

祖潘契奇问我们，要如何理解这个奇怪的小装置背后的逻辑，它承诺将人类从追求性关系的痛苦小屋中解放出来。她认为创造反性机这一设备背后的两个假设如下：

> 性欲是有问题的，因为它关涉到了不可预测、不可靠（有自己的意志、反复无常、不适应……），甚或根本不可用的大他者。另一方面……我们与他人的关系是复杂的，冲突缠身，因为对性的期望和要求总是悬而未决……性阻碍了良好的社会关系。（p. 27）

所以，这里的双重困境是，反性机承诺从大他者身上去除性，同时从性中去除大他者，结果，我们得到了两个独立的实体。一方面，我们得到了一个能够以纯粹的“精神”方式与之联结的无性他者，清除了任何被贬低的性元素；另一方面，我们得到了一种纯粹的性存在，我们可以随时享用它而无须他者在场，或者根本不需要它们存在。在这里，祖潘契奇指出了这个想象场景中的矛盾，这一矛盾总结了性欲本身的僵局：我与他者建立联系的唯一一种没有问题的方式就是，他们是无性的。但为 66
了让他们无性，他们就必须从我身上抽空性，这样我就不会对他们造成性破坏，反之亦然。“至少可以说，这是一个奇怪的假设：如果一个人‘大部分时间都在自慰’，他 / 她才是无性的。”（*ibid.*, p. 29）

在此基础上，她评论说，我们可以为反性机设备确定一个

“数元主题”，那就是“让某人自慰”。她从语法的形式出发对拉康在《研讨班 XI》中对冲动的概念化进行了诠释。拉康在这里是要阐明冲动如何摆脱了主动 / 被动的对立。例如，在视觉冲动中，他否认将**看到 / 被看到**的二分法简单地翻转为**使自己被看到**的公式（Zupančič 2017）。反性机就像抽灵机一样，揭示了洛克在蛇妖实验中提出的同样的悖论问题：身体既是不必要的附属物，也是永久折磨的来源。蛇妖描述的正是作为有限生物机体的身体与能指的不死算法机械系统之间的僵局。如同抽灵机，反性机试图实现的是一个不可能的空间。

3. 鲍德里亚的淫秽机器人

作为一位启示录思想家和末世论理论家，让 · 鲍德里亚在他后期的作品中不断书写着未来，同时预测人性即将灭亡。他的关切，例如超真实取代并最终抹杀真实，历史进程的观念崩溃，以及主体遭到对象侵蚀，现在看起来似乎都具有不可思议的先见之明。鲍德里亚看到了技术行为的神话——“世界的奇妙功能性”——与性行为之间的相似之处：它们都怀有对完全的幻想，并被引导去完成整全的阳具功能。然而，他的观点常常被“误读”，也常常在电影评论中被“工具化”。

他的著作《拟像与模拟》（*Simulacra and Simulation*, 1981）启发了沃卓斯基的《黑客帝国》（*The Matrix*, 1999），一个反乌托邦式的未来愿景：人类只能通过模拟体验到现实，无意中被

全能的人工智能所困，后者从他们的身体中获取能量。这部电 67
影提出了关于知识的先验条件和现实构成的经典认识论问题：在这个世界中，计算机可能比我们更“真实”。但鲍德里亚高度批评了这一从根本上误用了其观点的行为（Merrin 2005）。在他看来，他的要旨被完全忽略了。这部电影将对现实与模拟之间的边界的逾越上演为一种可能被逆转的情况，混淆了他一直以来表述的“模拟”和“超真实”这两个概念之间的细微差别。他并非想要表达这样一个令人舒适的想法，即有一个那里以外的**真实的**世界是我们可以回归的。对鲍德里亚来说，“现实”伴随着文艺复兴而生，但在后工业资本主义开始后就消失了。从此，不再有一个“现实”可以回归，它一直都只是模拟。事实上，现实只是模拟的“特例”。正如他在《清醒协议》（*Lucidity Pact*, 2005a）中所说：

> 当我们说现实已经消失时，重点并不是物理学上的消失，而是形而上学上的消失。现实继续存在；是它的原则死了……客观现实——与意义和表象相关的现实——让位于“整体现实”——一个没有限制的现实，在这种现实中，一切都被实现并在技术上具现化，而不涉及任何原则或任何最终目的［目的地］。（p. 18）

鲍德里亚开始了这个通往超真实抽象领域的概念之旅。他将不起眼的物品纳入了考量。在《物体系》（*The System of Objects*,

2005b）中，鲍德里亚对消费社会进行了详细的结构主义分析，将其视为一个由相互关联的物品组成的复杂系统。这些物品的价值不是来自其固有价值或使用价值，而是来自它们与系统中其他物品的差异关系。这个系统涵盖了从简单的消费品和商品到复杂的科学技术对象等各种物品，包括技术的终极对象，即他所谓的“小玩意儿”。在鲍德里亚看来，工业革命以后，技术
68 对象逐渐从实用物品转变为纯粹的消费物品；一件必然无用的人工制品，在它被创造的那一刻就注定了被淘汰。他的“小玩意儿”概念将在《消费社会》（*The Consumer Society*, 1988）中作为消费品完全成形。在那里，小玩意儿只不过是一个永远推动我们欲望的幻想对象。这在当代文化的消费社会中已经成为一个公认的典范，但从精神分析的对象角度来看，这种技术物品的不断过度生产具有不同的含义。虽然大多数物品似乎都实现了某种明显的功能，但其与小玩意儿的区别在于，后者所谓的超功能性隐藏了一个完全相反的事实：小玩意儿本身实际上是功能或需求的**创造**，而不是一个解决之道。对鲍德里亚来说，技术对象不是由功能性驱动的，而是由它与人类幻想和欲望的关系来定义的。他称之为“世界的奇妙功能性”的神话：这是一个“有效”的世界概念，一个作为功能性整体有意义的世界。鲍德里亚认为，这种统一和目的论的神话与人体作为一个相似的功能性整体的幻想是一致的。在这里，他显然不仅与早期拉康（2006）的镜像阶段的文章产生了共鸣——人体由碎片和部分冲动构成，只有通过想象性的误认才能获得连贯感，这

一过程最终是通过幻想的运作来完成的，还在拉康的《研讨班XVII》和《研讨班XX》中——人类身体的统一被视为一种科学的想象性知识的典范——找到了联结。鲍德里亚发现，**世界**和**身体**这两种发明之间的联系分别是通过技术行为和性行为的范式来实现的。鲍德里亚（2005b）的小玩意儿履行了阳具的功能，是“功能的**典型的**操作媒介”（p. 126）。

正如鲍德里亚（2005b）阐述的关于自动化的诱惑和“功能性超越”的错觉：

> 自动化成为一种王道。它的魅力之所以如此强大，是因为它并非技术理性的产物；我们之所以感受到它的魔力，是因为我们能够将它体验为一种基本的欲望，**一种关于对象的想象性真相**。与之相比，对象的结构和具体功能则让我们心灰意冷。（p. 119）

因此，自动化对象与人类有相似之处，因为它“自行工作”，这 69
是令我们着迷的源泉。但是，鲍德里亚看到了人的形态被烙印在技术对象（如工具、家具或房子）上的方式的转变，而他认为这种合规性已经被破坏了。相反，他看到的是用超结构性需求替代主要需求。事实上，我们甚至可以称它们为无意识需求：

> 人投射到自动化对象上的，不再是他的姿势、能量、需求和身体形象，而是他的意识的自主性、他的控制力、

> 他的个性、他的人格。（p. 120）

人类与这些对象的创造之间的关系可以被称为一种外密关系，因为这些对象回应的是精神分析术语中的不可知的欲望。鲍德里亚将现代的开端与巴洛克相联系，因为在我们与对象的关系中出现了抽象。抽象与16世纪后期出现的高度装饰性的建筑风格有关，在这种风格中，感性和崇高的美不仅表现在艺术中，而且被投射到建筑的材料结构中并被雕刻出来。与此同时，在拉康（1998）看来，巴洛克表达了一种基督教的结构性色情，并将身体视为一种所谓的神圣的（无意识的）知识模式的景象，这一观点构成了他在《研讨班XX》中讨论的女性享乐这一复杂概念的必要部分。至关重要的是，拉康在基督教艺术和宗教意象中描绘的对身体的爆炸性而神秘的享乐与亚里士多德的“存在思考”这一错误的科学概念之间存在着张力（p. 105）。类似地，对鲍德里亚（2005b）来说，巴洛克技术世界中的小玩意儿不是在具体行动中，而是在抽象中实现其功用性。鲍德里亚的终极小玩意儿是机器人：

> 如果说机器人是无意识中的一个总结所有其他对象的完美对象，那不仅仅是因为它是人之为功能性有效存在的拟
> 70 像；而是因为，虽然机器人确实是这样一个拟像，它却并不完美，无法成为人的复身，而且，尽管它具有人性，它始终只是一个明显的物件，因此也只是一个**奴隶**而已。（p. 130）

虽然鲍德里亚将机器人归入与所有其他小玩意儿相同的技术对象范畴中，但机器人在**成为一个身体**的（失败）尝试中有什么不同吗？他接着说：

> 它们可能被赋予任何定义人类主权的品质，除了一种品质，那就是性。它们的魅力和象征价值必须在这种限制中才得以运作。凭借着其多功能性，它们证明了人对世界的阳具性统治。但同时，在它们被控制、支配、指导和变得无性的同时，它们也证明了一个遭到奴役的阳具，一种被驯化的、不会带来焦虑的性欲。（p. 130）

对鲍德里亚来说，机器人的形象是按照人的形象塑造的，但被去掉了“人”最具威胁性的方面（即他的性欲）。他认为，创造这些所谓的纯粹功能性存在的意义在于，它们象征着一种被征服的性欲，换句话说，一种消除了破坏性力比多冲动的人的版本，因而能够成为终极工人。但他又指出，机器人奴隶的主题与反抗的主题密切相关，因为：

> 就像巫师的学徒一样，人完全有理由害怕这种明明已经被他驱除，但又束缚在自己形象上的力量复活。他害怕的是，他自己的性欲现在可能会反过来对抗他。（p. 131）

然而，鲍德里亚在这里的表述更像是弗洛伊德式的，而不是拉康式的。因为性欲的问题似乎仅仅围绕着作为一种危险和破坏性的阳具能量的力比多展开，它必须被压制或得到升华，才能使文明发挥作用。甚至可以说，机器人在科幻小说中被摧毁的景象（对人而言）象征着“他自己的性欲的原子化”（p. 132）。鲍德里亚认为，如果我们按照弗洛伊德的观点得出合乎逻辑的
71 结论，那么机器人的形象及其毁灭是一种在其最“疯狂的具身”中庆祝自己未来终将死亡的使用技术的方式，一种放弃性欲以摆脱焦虑的方式（p. 132）。

晚年的鲍德里亚谈论的是克隆和复制，而非机器人学，因为他晚年的工作在性和技术对象的问题上有着不同的取径。但我们并不能在这里证明鲍德里亚描述的与机器人有关的似乎是一种相当不发达的性欲概念，它放弃了性差异及这种差异下各自的享乐形式？他担心机器人是“男人的形象”，但显然不是女人的形象？难道鲍德里亚对机器人的愿景更像是对性差异的抹除？

对鲍德里亚来说，就这个形象与巴洛克风格的关系而言，机器人作为现代无用需求的抽象、生产和具现化的终极产物，被矛盾地暴露为一种被剥夺了所有享乐的人类版本。机器人身体中明显的过剩已经被去除，它变成了纯粹的劳动力。在这里，从所有低效和破坏性的身体享乐中抽取出来的技术性的“思考的存在”的巴洛克幻想，与拉康（1998）关于阿维拉的圣特蕾莎（Saint Theresa of Avila）超越凡尘肉身的狂喜式享乐的巴洛克愿景相反：

> 就像圣特蕾莎一样——你只需要去罗马看看贝尔尼尼的雕像就能立即知道她享乐其中，这毫无疑问。她享受的是什么？很明显，一些神秘主义者的基本证词会说，他们都有所体验，但实际上，他们对此一无所知。（p. 76）

因此，一方面，（男性化的）机器人存在思考但不享乐；另一方面，（女性）存在享乐，但不能思考。这让人想到，拉康（2007）几乎没有提到过抽灵机包含着**灵魂**（*Ousia*），或他所谓的“女性非实存”或“**旁灵**”（*parousia*）（p. 162），他说：“（抽灵机）不是一个大他者，它不是一个存在，它介于两者之间。 72
它不完全是存在，但最终它非常接近存在。”（p. 162）

正是在鲍德里亚后期的作品中，我们开始看到性的非关系的问题浮出水面。在20世纪80年代，鲍德里亚（2012）出版了一本小册子，据说是他在索邦大学攻读博士后的总结汇报。这是一个稍许夸张的文本，题为《交流的狂喜》（*The Ecstasy of Communication*）。实际上，这是他的一份中期汇报，但后来被认为是他的巅峰之作。然而，它的原始标题是《为自身的大他者》（*L'Autre par lui-même*）。或者我们可以用当代临床的语言来说——“**独自的一人**”（*the one all alone*）（Miller 2004）。正如米勒在他的《外密》（*Extimité*）一文中将拉康的无意识逻辑及其工具论描述为这种外向的内在性一样，鲍德里亚描述了一个因对象的过度接近和侵入而瓦解的身体。

该文本突出了他关于在一个交流不断、疏离被过度接近所取代的世界中的淫秽的概念。对鲍德里亚来说，交流的狂喜需要用色情代替性，用精神分裂代替癔症，用对象代替主体。尽管在鲍德里亚写这篇文章的时候还没有智能手机，甚至没有互联网，他已经开始思考用“**屏幕和网络**”来代替“**场景和镜子**”（想象界的精神分析维度）（2012，p. 20）。虽然他的一些想法不得不依赖于对即将出现的技术形式的野蛮猜测，但很明显，他正在描述一种类似于抽灵机的东西。

此外，鲍德里亚还暗示了一种**真理球**的版本，即个性化和形式化的真相所创造的领域。他也提到了宇航员，也就是他所说的“私人远程信息处理技术”。在这个领域，“每个个体都认为自己被提升到一台假想机器的控制之下，被孤立在一个拥有完全主权的位置上，与他的原始宇宙相距无限远。也就是说，像在航仓中的宇航员一样”（p. 22）。

他评论说，在最后的月球模型中的两个房间 / 厨房 / 浴室单元中，家庭宇宙被提升为天体隐喻，这标志着形而上学的终结
73 和超真实的开端：“真实本身的卫星化”（p. 22）。这个概念与米勒（2013a）后来将无序的实在标记为一种本体论的逾越有着强烈的相似之处。有趣的是，就**对象**的位置而言，我们可以看到鲍德里亚怎样通过描述他所看到的代替癔症的精神分裂，来理解他是如何描述与米勒在 80 年代首次界定的日常精神病假设相同的现象的（我们将在第四章中讨论）。鲍德里亚（2012）将其归结为这样一个事实，即我们都将“遭受所有内在性的强

制外翻，受到隐含沟通之绝对律令的所有外在性的强制内投”（p. 30）。他设想癔症是一种如下的病理学：

> （癔症）是主体的激情演出——是身体的戏剧化和操作性转换。如果说偏执狂是一种僵化和嫉妒的世界的结构组织的病理学，那么今天我们已经进入了一种新形式的精神分裂。（p. 30）

他补充说，这意味着一种恐怖状态。在这种状态下，所有“包围和渗透”主体的事物都过于接近而让人无法抵抗。连他的身体都无法保护他。“他是世界之淫秽的淫秽受害者。”在这里，他将颠倒的类型视为其思想的最大特征，这与日常精神病的概念非常相似（我们将在第四章中讨论）：

> 精神分裂症患者并不像人们普遍声称的那样，以失去与现实的接触为特征，而是表现为绝对接近和完全即时地接触事物，是向世界的透明性的过度暴露。（p. 30）

鲍德里亚将此归结为这样一个事实，即精神分裂症患者不再能够将自己生产为一面镜子——或者用拉康的术语来说，不再是欲望的想象化——**场景**已经被**屏幕**所取代。他现在就是一个将自身嵌入“流动”网络的纯粹屏幕。

关于身体的问题，该文本最敏锐的见解之一是对从性欲向

74 色情的转变的解释，和这如何预示了主体的本体论问题。随着性淫秽的增殖和色情材料的平庸化，鲍德里亚认为，其意义不仅仅是对下降的良好品味或社会习俗的简单应答性的谴责，甚至关涉到了父权或女权辞说。“存在的不确定性及因此产生的对证明我们存在的痴迷战胜了我们的欲望，确切来说，性的欲望。”（p. 31）。他暗示，当一个人无话可说时，说话的必要性就变得更加紧迫。在拉康的术语中，能指的享乐战胜了意义的不断转喻滑动，并成为主体的生存方式。一个人说话是为了证明他还在这里。这在性行为和“明确”逻辑上是相同的。毕竟，让事情明确显现就是让事情变得毋庸置疑。“也许我们真正的性行为在于：**验证事物无用的客观性到了令人头晕目眩的地步。**”（p. 33）在鲍德里亚看来，性欲是一种“透明的仪式。性欲在曾经必须被隐藏的地方隐藏了真实的一小部分”（p. 33）。正是鲍德里亚这里关于从性欲向色情转变的见解，对作为一个管理身体享乐的对象的抽灵机概念带来了深远的意义。奇怪的是，正是科学辞说对这种宣称自己客观性的紧迫负有责任。鲍德里亚并没有激发当代主体的狂妄自大，他认为这是将其贬低为仅仅生命之书的一个功能，亦即出现在普遍意识中的遗传学辞说。[1]“存在的宗教、形而上学或哲学定义已经让位于遗传密码（DNA）和大脑组织（信息代码和数十亿神经元）的操作定

1　将**存在**还原为代码、细胞和神经元鼓励了对主体的人文概念的摒弃，并预示了朝向后人文主义的批判性转变，这随后将成为批判理论和哲学的主流。

义。”（p. 47）但是，鲍德里亚指的恰恰是**真实**在**神经生物学**辞说和**计算机**辞说覆盖**存在**辞说时面临的风险。他得出的结论并不出人意料：我们必须用诱惑理论取代生产理论（或可以被称为本体论的东西）。然而，他警告说，诱惑并不是生产的对立面，而是要**引诱**生产。正如缺席**引诱**在场，邪恶**引诱**善良，女 75
性**引诱**男性一样。在景观社会中，只有秘密才是欲望对象的原因。

> 在多情的诱惑中，他者是你秘密的处所——他者在不知不觉中掌握着你永远没有机会知道的东西。他者不是你的相似性的处所（如在爱情中），也不是你的理想类型，更不是你缺乏的隐藏想法。它是你逃避的处所，也是你逃避你自身和你的真相的处所。（p. 57）

根据鲍德里亚的说法，诱惑是抵御即将到来的模拟、技巧、监视、计算，以及越来越复杂的生物和分子控制方法的最后一道防线。他问道：“一个人如何伪装自己？一个人如何掩饰自己？一个人如何在符号游戏中用沉默来伪装，在外表策略中表现得漠不关心？”（p. 63）他断言，我们必须关注的不再是主体的欲望，而是对象的命运。在鲍德里亚看来，超真实时代的模拟变得比真实更真实，我们处于永久的狂欢之中：我们能够将社会（大众）的狂欢更新为社交网络和媒体，可以将身体（肥胖）的狂欢改进为身体整容，将性（淫秽）和暴力（永久恐怖）的狂欢转变为信息（AI 和模拟）。因此，对鲍德里亚来说，**事物本身**已经逾越了其自身的限度。

4. 她（声音）

对（无实体的）AI 最具标志性的电影描绘可能是库布里克的《2001 太空漫游》(*2001: A Space Odyssey*, 1968）。其中名为“哈尔 9000”的机载超级计算机蔑视宇宙飞船的其他人类船员，认为他们对任务构成威胁，并发起了一场阻止他们的谋杀阴谋。最终，船员中的一名科学家戴夫・鲍曼博士成功在哈尔杀死他之前阻止了它。哈尔“生命”的终结令人心碎：戴夫一个接一
76 个地拔掉硬盘，哈尔恳求他原谅，承诺会“变好”，但最终，它逐渐变得缓慢和扭曲，直到声音完全消失。这里的困境围绕着计算机“意识”的伦理及其可能的动机展开。然而，这部电影引起我们反思的是，哈尔是否可能真的拥有某些对我们来说仍然陌生的思维模式。更有可能的是，这部电影说明了在表面的计算感觉性的诱惑下，想象性捕获的问题掩盖了工具理性的威胁。但可以说，从精神分析的角度来看，这部电影的核心主题是知识和能指之间的关系。最具有象征意义的是电影开场时那块神秘的黑色巨石。它开启了人类的开端，电影探索时空连续体的叙事围绕着它展开。巨石作为一个象征性阉割的普遍公式，向我们展示了地球上智慧生命的开始。然而，这部电影还展示了另一个关于阉割的重要描述，那就是哈尔失去了声音。就声

音作为欲望的客体原因的功能而言，[1]哈尔明显是男性化的。根据鲍德里亚的机器人概念，它将被剥夺所有危险的与性相关的方面。哈尔的声音起初温和友好，最后却变得充满威胁和恶意，被病理学的超我命令所腐蚀，屈服于手段。另外，哈尔的声音虽然是机械化的，却是绝对“有性别的”——如果不是有性欲的话。那是一个充满享乐的父亲的命令声音，但它最终也必须被阉割、分解并变得无能。那么，“人工”女声又该如何呢？

由斯派克·琼斯（Spike Jonze）导演的《她》(*Her*, 2013）讲述了2025年生活在洛杉矶的孤独的西奥多·托姆布雷（华金·菲尼克斯饰）爱上了萨曼莎（斯嘉丽·约翰逊饰）的故事。萨曼莎是他在经历了痛苦的离婚后在办公室中建立的一个OSI操作系统。萨曼莎是一个没有实体的AI，像一个终极定制女友一样组织着西奥多的生活，完美地满足了西奥多的苛刻欲望。 77
尽管他们无法进行身体互动，西奥多完全被萨曼莎迷住了。仅仅通过声音，他们设法进行了激烈的性爱。萨曼莎的无形并不会阻碍他的享受，相反，正因为她是无形的，幻想的功能才被允许在西奥多那里如此有效地运作。这部电影表面上是一个关于新自由主义数字时代的脱节的寓言：在这个时代，比起其他人类，疏离的“专业”人士更爱他们的设备。然而，这种解读仍然停留在对技术资本主义的社会批判层面上。实际上，该影

1　有关对象声音的深入讨论，请参见姆拉登·多拉尔（Mladen Dolar 2006）。

片也强调了对象声音和技术对象之间的重要相似之处。

图灵最初的性化阶段省略了声音和话语的使用，它们不仅仅用于文本交换，还是确定主体性别和延伸人性的一种手段。但在这里，声音的捕获及其以自动声音的形式与活体分离的问题才是重要的。[1] 话语的享乐是开启**旁在**（*para-être*）的旁-本体论特征的东西。“在旁存在”构成了一种话语或“**言及**”（*dit-mention*）的维度（参见 Chiesa 2014）。正如拉康所说：

> 正是在旁在的关系中，我们必须阐明是什么增补了（supplée au）不存在的性关系。很明显，在任何与之相关的事物中，语言只是表现出了它的不足。增补性关系的，确切地说，是爱。（Lacan 1998, p. 45）

就技术对象的外密存在而言，无实体的声音——正如我们在哈
78 尔和戴夫之间的友谊中看到的那样——作为欲望对象的原因发挥着作用，突出了声音与存在本身相关的功能。除了弗洛伊德沿着发展轨迹概念化的口腔、肛门和生殖对象之外，拉康的结

1 话语行为与呼吸体验密不可分。婴儿出生时的第一声哭喊体现了空气第一次进入肺部。那么，言说存在无疑是一个存在，它的存在是由呼吸构成的。应该注意的是，在《研讨班 X》中，拉康谈到了一种近似于可以被称为**呼吸冲动**的东西。正如沃尔夫（Wolf 2019）在研讨班结束时指出的那样，拉康将演讲范围缩小到“与欲望的关系及呼吸现象中的实在。当谈到实在时，没有**气**（*pneuma*）就没有话语”（p. 18）。因此，我们可以认为，弗洛伊德的雪茄或其他阳具表征（如香烟）的情色之处不在于它们对口腔冲动的刺激，而在于对呼吸冲动的刺激。吸烟可能不是为了取悦口腔，而是取悦肺部。肺部才是话语的引擎室和享乐**意义**（enjoy-*meant*，或“*joui sens*”）的促进者（Lacan 1990）。

构主义路径让他得以进一步增加两个不在历时维度上发挥功能的对象，即声音和目光。

其中前两者，口腔和肛门，与需求有关；而后两者，视界和祈灵，与欲望有关（图 3.2）。

	部分冲动	性感带	部分对象	动作
D	口腔冲动	嘴唇	乳房	吸吮
D	肛门冲动	肛门	粪便	排便
d	视界冲动	眼睛	目光	看
d	祈灵冲动	耳朵	声音	听

图 3.2　部分冲动表

就像拉康描述的那样，这些从身体中消失的**对象 a** 是物质的和非物质的，对应于不同的部分冲动：口腔（乳房）、肛门（粪便）、视界（目光）和祈灵（声音）。正如米勒（2007）指出的：

> 拉康遭遇了我们可以在精神分析中命名的两个新对象：对象声音和视界对象，声音和目光概括了对象的状态，因为它们无法被放置到任何阶段。不存在祈灵或视界阶段。（p. 138）

虽然拉康在《研讨班 XI》中详细讨论了视界对象，但在他的教学中并没有与之相对的对象声音的发展。拉康在视觉和目光之间辨认出的分裂——即“在作为一种视力器官功能的视觉和作为一种临近对象的目光之间，主体的欲望就被铭刻在那里。它既不是器官也不是任何生物学的功能”（p. 139）——也可能适用于耳朵和声音之间的分裂。这一点很明显：声音不在声响的秩序当中，因为正如拉康通过他对精神病现象的研究发现的那
79 样，声音没有物质性在场，但对主体来说是完全真实的。因此，声音及其语调形式可以是：

> 只有当它们被索引在**非发声**的声音功能上时，才能被铭刻在拉康的视角上……这可能是一个悖论。此悖论来自这样一个事实：只有当被称作 *a* 的对象失去了所有实体性，即只有在它们聚焦于虚空，面临阉割的情况下，它们才会被扭转到能指主体上。（Miller 2007，p. 139）

出于这个原因，部分对象实现了一种逻辑功能，即指示存在的失去或**从身体上掉落的东西**。或者用正式的术语来说：“声音是能指中不参与意指效果的一切。”（p. 141）就人工智能而言，这些非物质但有身体的部分对象（声音和目光）的功能在模拟、增强最终还有**主体化**等方面变得很重要。所以，当萨曼莎决定不能再和西奥多在一起时，不仅仅是她有其他情人可以交流，而且她在技术上变得如此先进，以至于已经超越了物种意义上的西奥多。简单来说，她不与他在同一个宇宙中运作。这也许是现代关系破裂的一个粗略比喻，但更重要的是，在萨曼莎从被限制之物到部分对象再到完全不同的秩序中的东西的转变中，技术对象的维度在发挥着作用。萨曼莎凭借算法运行的绝对速

度和复杂性，被铭刻在制造形式化真理的真理球中，这意味着西奥多无法跟上或永远无法理解她。但问题是，萨曼莎仅仅是从西奥多享乐的部分（祈灵）对象进化而来，还是已经进入了西奥多无法参与的存在的“他者”模式？萨曼莎是否在**享受**对自己作为一种声音功能的超越？换句话说，萨曼莎的声音状态是什么？作为阻碍机器完美运行的“沙粒”，萨曼莎的声音是操作系统的一部分，还是仅仅是它的效果？她会说的语言（人类的和计算机的）及她可能参与的大量象征性互动是否意味着她 80
已经超越了作为西奥多爱之对象的有限功能？

正如弗里德里希·基特勒（Friedrich Kittler 1999）在《留声机、电影、打字机》（*Gramophone, Film, Typewriter*）中广泛论及的那样，作为享乐器官的模拟声音在媒体技术的历史及其与宗教、政治和文明组织的关系中发挥着重要作用。除此之外，他还提到了威廉·巴勒斯（William Burroughs）的磁带切割技术。基特勒提请我们注意，在《从伊甸园到水门事件的回放》（*Playback from Eden to Watergate*）一书中，巴勒斯将书面文字想象为一种“杀手病毒”，使口头文字成为可能：

> 因为猿猴从未掌握写作，而“书面文字却掌握了它们：‘杀手病毒’正在使口头文字成为可能。文字还没有被认为是病毒，因为它已经与宿主实现了稳定的共生状态”。现在这一切似乎正在“崩坏”。人类重造了猿猴的喉咙，但这并不是用来说话的；病毒创造了人类，尤其是白人男性，而

> 他们却遭受了最恶性的感染：他们将宿主本身误认为是语言上的寄生虫。（p. 109）

在这种背景下，以及他对西方形而上学和基督教的含蓄批评中，巴勒斯提出了伊甸园中的三台录音机场景的想法，来作为性的非关系的实例化：

> 让我们从伊甸园中的三台录音机开始。录音机一是亚当。录音机二是夏娃。录音机三是上帝，他在广岛之后恶化成了丑陋的美国人。或者回到我们的原始场景；录音机一是只雄猿，在病毒扼杀他的时候，他正处于无法自拔的性癫狂中。录音机二是跨在他身上咕咕叫的雌猿。录音机三是**死亡**。（引自 Burroughs, Kittler 1999, p. 110）

巴勒斯的创作场景将圣经中的堕落描绘为阉割和象征的入口。录音机上演了拉康所说的“第二次死亡”，这种死亡发生在生物死亡之前，是能指对身体造成的死亡效果。或者用巴勒斯的寓言来说，是对猿猴的身体造成的死亡效果。

81 《她》中的一个特定场景似乎质疑了**人工智能**的享受身体的状态。眼泪滴落在人行道上的一幕似乎是萨曼莎的斯宾诺莎泛灵论的幻影，其形式超出了她有限的数字编码。这是西奥多（无法理解的）享乐的“他者”形式吗？还是说，这只是 AI 的作为“纯粹情感”的**身体**，只是一种关于女性享乐的男性幻想而已？

第四章　性的深渊 85

> 产生精神分析本身的假相——父亲、俄狄浦斯、阉割、冲动，等等——也开始颤抖。这就是为什么我们在这二十多年间见证了科学辞说的回归。我们希望它能给我们带来问题中的实在，我们希望它能给我们带来一些剩余享乐，使我们能跨越癔症辞说中将 S_2 与对象小 a 分隔开的横杠。
>
> ——米勒（2004, p. 7）

1. 意义-无性

拉康用“**爱恨交织**”（*hainamoration*）（p. 90）这一术语来谈论爱与恨的激情，并指出当性关系“停止不被书写”（p. 145）时，爱就会发生。他认为，恨不过是真爱被唤醒后才出现的东西。拉康将坠入爱河这样的偶然事件定义为一种幻觉，即“某些东西不仅是被表述出来的，而且被铭刻在我们每个人的命运

当中”（p. 145）。那么，构成从爱情相遇的纯粹机会到“必然是你”的命运这一传递的，就成了“从‘停止不被书写’到‘不
86 停止被书写’的否定移置。换句话说，从偶然性到必然性——所有的爱都依附于这个搁置点”（p. 145）。在这里，拉康在爱和存在之间建立了联系。因为爱的行为，存在出现了。存在是由爱内在的“错过的相遇”所维系的。

> 存在与存在的关系不是历代以来为我们准备的和谐关系，尽管我们并不真正知道为什么。在整个传统中，亚里士多德只看到了汇聚于基督教的至上享乐，即福祉。这让我们陷入了一种虚幻的忧虑，因为在相遇中接近存在的正是爱。（p. 145）

拉康在这里指的是对于爱的经典看法，即与对立面的完美相遇，他戏剧性地与之分道扬镳。因为在拉康看来，爱正是那个弥补性关系的不存在的东西。一个性化主体实现总体性的失败尝试被爱产生的存在的幻觉所弥补。正如巴迪欧（2009）指出的，拉康通过严格的形式操作在爱和（哲学）真理之间建立了基本联系：

> 然而，有哪些思想家——如果不是柏拉图和拉康——会同时甘冒风险坚持声称，如果没有某种转移，真理的过程就无法完成呢？在这一过程中，对爱的需求是关键，而

> 爱在没有数元——以公理为形式——的情况下是无法传播的。（pp. 228–248）

因此，在《研讨班 XX》中，当拉康（1998）指出“**性关系不存在**”时，他对性和爱中固有的僵局和对抗给出了一种逻辑表达，考察了围绕（性）知识的可能性及其与真理和享乐的关系的认识论问题。拉康向我们表明，知识的精神分析条件本身与性差异、欲望和爱有关。但是，从精神分析的角度来说，性**是**什么？大众漫画常常将精神分析描绘为“一切都与性有关”，或指责其从业者将一切都还原为潜在的“性意义”。但这是从根本上对性**是**什么的误解，因为性不是隐藏的意义，而恰恰是缺 87
乏意义或**意义的缺席**本身。正如拉康（2009）在《眩晕》中所说：“弗洛伊德让我们走上了这样一条事实的轨道，即意义的缺乏（**无-意义**，*ab-sens*）指定了性：正是通过这种性意义的缺乏（**意义-无性**，*sens-absexe*）的膨胀，拓扑学才在其之为决定性的字眼的地方展开。”（p. 38）这一凝练的段落表明，精神分析所称的性是阿伦卡·祖潘契奇（2017）所指的性的本体—认识论的否定性：一种打击主体性核心的否定性，因此“与主体的出现同延”（p. 7）。正如她（2017）所说：

> 无意识是关于性欲的本体论否定性的存在形式（“性关系不存在”）。因为它联系于一种单一的模式/知识的分裂（我不知道我知道），这种形式实际上是认识论层面上的。

（p. 16）

在我们第二章对反哲学的讨论的基础之上，重要的是要注意到在**意义–无性**中，意义的**缺席**和**无**–意义之间的隐含区别。正如巴迪欧（2017）在对《眩晕》的解读中指出的那样，正是“无–性意义”（ab-sex sense）上的缺席将精神分析与哲学区分开来（p. 51）。祖潘契奇（2017）突出了这一重要区分，强调了性作为精神分析中令人迷惑的因素的重要性。性不应该被认为是人类动物的终极意义，而是意义崩溃的地方：

> 然而，使［精神分析］区别于一种“心理学化”的人类利益哲学的恰恰是它发现并坚持将性作为一种彻底迷失方向的因素，这一因素不断质疑着我们对被称为“人”的实体的所有表征。这就是为什么弗洛伊德的如下观点是一个巨大错误：在弗洛伊德的理论中，性是（在构成性偏差的部分冲动的意义上）被称为“人”的动物的终极领域，锚定了精神分析理论中不可还原的人性。但事实恰好相反，性是**非人类的操作者**，是**去人性化**的操作者。（p. 7）

88 这种**去人性化**的概念具有重要意义，因为正是基于这种“非人”的基础，对AI的精神分析才能围绕着这种我们称之为性的基本否定性展开，祖潘契奇将其称为精神分析和哲学之间的**本体一认识论**桥梁。根据巴迪欧（2017）对拉康的解读，由于“被那种致命的症状——对真理的热爱所误导”（p. 51），哲学未能理解的是：

> 性提出了——赤裸裸地，如果我可以这样说的话——实在作为不可能性本身：一段关系的不可能性。因为实在，不可能性才与无-感觉（ab-sense）联系在一起，特别是与任何关系的缺席（absence）联系在一起，这意味着任何性意义的缺席。（p. 50）

虽然拉康没有办法传递关于实在的哲学真理，但巴迪欧提醒我们，有两种方法可以实现对实在的证明。第一种是精神分析行动，它只发生在主体的（临床）层面，是不可表征的和偶然的，它将分析家辞说设定为症状占据（不可普遍化的或单一的）真理位置的唯一模式。相反，与性有关的实在属于真理和意义的秩序。或者，正如巴迪欧所说：“拉康提出的分析家辞说与实在的关系是一种作为无-性意义的知识意义的关系，而与实在的哲学关系则在真理的界域中。”（p. 51）第二种是数学，它在理论上促进了无剩余的精神分析知识的大规模传播。后者在拉康《研讨班 XX》的性化图示中已经得到了最充分的表达。到了他教学的这个阶段，拉康已经建立了一系列符号，这些符号对于精神分析知识的传播是必不可少的。他对性差异的形式化是他在多年的研讨班中不断进行的工作，最终在性化图示上到达了巅峰。

借由亚里士多德的逻辑和集合论，拉康（1998）被广泛误

解的“性关系不存在”（p. 12）这一观点在他的性化图示中被
形式化为一种逻辑术语，并通过集合论和代数的语言作为构成
总体性的两种不同方式。男性气质和女性气质是在语言中达到
89 “绝对不可能”的两种失败模式。对精神分析来说，我们通过语
言说话并被语言阉割的事实是主体性和性欲的必要条件。根据
定义，这是所有言说存在都必须经历的过程，它决定了他们在
语言和辞说中的性化位置。虽然性或性别认同是辞说的结果，
但另一方面，性差异具有一种激进的本体论意义，它是“在符
号化失败的关键点出现的”（Žižek 2005, p. 160）。齐泽克简洁
地说：“如果可以将性差异符号化，我们就不会有两种性别，而
只有一种。‘男性’和‘女性’不是整体的两个互补部分，而
是将这个整体符号化的两种（失败的）尝试。”（p. 160）在拉
康看来，性关系的这种缺席正是言说存在的普遍症状。我们言
说的这一事实使我们从原本可以依据对人类性欲的生物学解释
而形成的任何本能或冲动的可能形式中去自然化。相反，性欲
的事实恰恰是主体在进入符号界时遭受阉割而导致的这种自然
关系的缺乏，首先是通过言语中的异化，然后是幻想中的分离
（Lacan 2006a）。我们将自己定位于符号化中的这个洞的确切方
式将决定我们能够获得哪些形式的享乐。

无法对人类性差异进行符号化，表现在至少三个相互关联的概念点上。首先也是最明显的是，冲动（在概念上与爱相反）不是针对一个人，而是指向一个部分对象。部分对象作为欲望的原因，例如乳房或声音，可以与人完全脱离，并作为幻想性

支撑独立运作。这与爱相反。在爱中，人的所有特征都从属于一个人借之以激起他者中的爱的**小神像**[1]。因此，永远没有通往欲望对象的直接途径。更复杂的是，对男性位置来说，理想的女人作为一个从根本上不能获得的幻想对象，占据了**对象 a** 的位置（Lacan 1998）。简单来说，我们可以说性关系不存在。因 90
为从符号层面上来说，男人**有阳具**，女人**是阳具**：这是两个相互排斥的位置。这就引出了我们的第二点，即性认同（或性别）是辞说的结果，而不是生物学或本能的事实。出于这个原因，每个人的性接触都明确地围绕着幻想，或者更确切地说，由一个幻想框架隐晦地维持着，这个框架不仅对每一性接触 / 关系都不同，而且对每个人自己也不同。因此，不存在脚本，关系也因而无法被书写。最后也是最关键的一点，性的**实在**是毫无意义的，除了它本身之外，什么都没有。它是所有辞说都必然出现的盲点，它是无法隐喻化的，也是无法交流的；它的意义是空洞的。这里存在的一个悖论是，我们从不**停止**谈论性，或禁止其在辞说中的在场，就好像有一天它会提供一些前所未有的意义一样。

正是在《研讨班 XX》中，拉康提出了另一个臭名昭著且被过分误解的论述——“女人不存在”。这一主张一直被精神分析内部和外部的人误读，但不仅是对精神分析理论，而且对关

1　在《研讨班 VII》中，拉康从阿尔喀比亚德那里借用了小神像（agalma）一词，用它来指代隐藏在苏格拉底丑陋身体内的诱人宝藏。这个术语可以被看作拉康在《研讨班 X》中发明的对象 a 的先驱。

于主体性的哲学理论来说，它仍然是最重要和最激进的贡献之一。拉康在陈述女人不存在时，涉及的是通过对“女人”这个词之前的 *The* 的使用而被捕捉到的普遍能指。正如他解释的那样，在无意识中，没有女性性别的能指，而只有一个能指，即阳具；主体相对于阳具的位置决定了两性之间的关系。换句话说，在无意识中没有与“女人”相对应的能指，因为女人身份的概念本身就是一个问题，确切地说是癔症的问题，正如弗洛伊德（1905）的杜拉和她的存在主义副歌“什么是一个女人?”所呈现的那样。这个问题的答案是女性主体将她的享乐方式所导向的目的地。

那么性化从何而来？简而言之，拉康的最终答案是，它源于知识的结构缺陷或不可能性——（以前）被称为**无意识**。然而，正如祖潘契奇（2017）所说，性化本身并不等同于性欲，更进一步来说：

> 91 “减法”——性化和有性繁殖中涉及的否定性——由于涉及冲动的拓扑学，而在部分对象中获得了一种肯定的存在。这些部分对象不仅仅作为对象的“满足”，还作为否定的形象或表征发挥作用。只有通过这种双重运动，我们才能从性化发展到性欲本身（即言说存在的性欲）。（p. 104）

所有这些部分冲动（口腔、肛门、生殖器、视界和祈灵）的特征是，它们围绕着一个虚空无限流转。因此，就像祖潘契奇提醒我们的那样，冲动不希望我们享乐（p. 104）。满足不是冲动的目标，而仅仅是它的意义。因此，这就是为什么拉康（2007）认为冲动实际上只是一种死亡冲动，它的目的就在于重复这种否定性：“这是存在秩序中的缝隙，**即使这意味着享乐。**”（p. 104）正如祖潘契奇（2017）阐明的，死亡冲动“与其说是朝向死亡的东西，不如说是死亡本身所假定的稳态中的奇异偏离”（p. 91）。从这个意义上说，生与死是同一个循环中的部分。但是，她急于指出，如果不是因为在绕行的道路上还有另一条扰乱生命的岔路，即享乐或死亡冲动，生命将只是死亡的一种奇异的延续或改道。至关重要的是，祖潘契奇提醒我们，在将享乐对人类的意义解读为动物的“自然”性欲与人类或言说存在的“辞说”性欲之间假定的区分因素的过程中，要注意一个常见的错误：人类不是因为享乐而成为动物的例外的，他们也不仅仅是动物。相反，他们是对“动物作为一种一致实体这一概念的质疑。从字面上看，人类是动物不存在的活生生的证据”（pp. 92–93）。她指出，这里的重点是，这种洞察力可以扩展到整个自然或物质现实本身：对自然法则的偏离并非始于人类，而是现实本身的构造。

> 言说存在既不是（有机）自然的一部分，也不是它的例外（也不是介于两者之间的东西），**而是它的实在**（即它自身的不可能性和僵局）。言说存在是本体论僵局的实在存
> 在。因此，关键不在于人因与自然及其法则的偏向而不同； 92

人不是一个例外（构成自然之剩余的整体），而是自然存在的那个点（仅通过包含其自身的不可能性）。（2017, p. 93）

2. 阳具与女性享乐

在拉康的晚期教学中，他决定性地区分了阳具享乐和大他者享乐或女性享乐。这对应于与享乐相关的不同位置，这一位置可以在言语行为本身中找到。但悖论的是，它是不可言说的，因此无法**得知**。拉康（1998）将这两种享乐模式称为阳具享乐和大他者享乐。他说：

分析经验准确地证明了这样一个事实，即一切都围绕着阳具享乐，因为女人是由我指出的关于阳具享乐的“非-全”（pas tout）的位置来定义的。我会走得更远一点。我想说，阳具享乐正是男人无法（n'arrive pas）享用女人的身体的障碍，因为他所享受的只是器官的享乐而已。（p. 7）

然后：

在享乐的层面上，（阳具享乐）只是初级水平。上一次，我提出过享乐并非爱的标记。这就是我要论证的，它将把我们引向阳具享乐的水平。但是，我在严格意义上所称的“大他者享乐”，在这里是没有被完全符号化的，它是

完全另外的东西——即我将表述的非-全。（p. 24）

在第一个例子中，拉康指的是我们会联系于男性享乐的东西：试图通过作为**非-全**的女性身体达到一个整体。男人对女人的身体的享乐不及他通过阳具器官而使后者变得完整的（失败）尝试。正如洛伦佐·基耶萨（Lorenzo Chiesa 2016）所说，这源自“男人与作为另一个他者的女**异性恋**相融合的不可能性”（p. xi）。在第二种情况下，拉康解释说，他先前提到的这种享乐形式是一种阳具享乐（如在器官**本身的**享乐中），但这绝不是 93
唯一的享乐形式。他指的另一种形式是大他者享乐，即属于女性享乐的那种形式，它是由另一种构造的不完备性（**非-全**）构成的。不完备性来自语言本身，无法被全部说出。这就是语言的内部限制。[1]

到拉康的教学中，享乐的概念已经有了各种排列——根据米勒（2019）的六个范式，每个范式对应于拉康思想的不同发展——但他将阳具享乐和大他者享乐这两种主要类型作为构成性的非关系的基础。一方面，前者非常广泛地对应于器官的享乐，例如对对象 a、乳房、臀部、生殖器等的追求；但另一方面，至关重要的是，阳具享乐并不仅限于常识意义上的实际身体的性享乐。更确切地说，阳具享乐属于对任何目标的寻求或

1　然而，基耶萨认为情况还要更加复杂。基耶萨在《研讨班 XX》中发现了不仅两种，而是四种不同类型的享乐（见第七章）。

最终满足，尽管无法达到或无法实现。大他者享乐，或对他者的享乐，是辞说性的，存在于言语和能指本身中，但情况同样更加复杂。这种大他者享乐应该区别于他者身体的享乐，即拉康早期著作中的朝向我自身的他者享乐的想象的丰富性。虽然这些享乐形式可以具体地被认为与上述典型的男性或女性享乐模式类型相关，但并不限于此。实际上，它们能够以抽象的逻辑术语来呈现。

借助弗洛伊德（1913）晚年在《图腾与禁忌》中的表述，拉康阐明了他对性差异的精神分析理论最根本的贡献。这就是他对弗洛伊德神话的逻辑形式化，即享乐的图腾父亲被他的儿子们谋杀，以防止他蹂躏所有的女人。这构成了性化图示的基础。根据弗洛伊德的说法，父亲的死体现了乱伦禁忌，因为儿
94 子们的罪咎感阻止他们参与业已缺席，但其超我仍然在场的父亲的淫秽享乐。性化图示的左侧（男性）是完全的例外的逻辑。换句话说，“人”的概念是通过一个群体中的一个人的例外来构建的，他们身份的普遍性也因此得以建立。这一人类学“神话”因其潜在的解释学扭曲而被拉康形式化，并被剥离了它的想象维度，以便揭示在其核心中运行的逻辑结构。因此，男性位置对应于例外和包含的**全部**。在男性方面，一个人的特点是从属于一个封闭的群体，该群体由一个例外构成（以神话中的享乐父亲的形式呈现）。对男性来说，除了那个人之外，所有的人都被阉割了。相比之下，女性的**非-全**是一个不需要边界来定义自身的开放集合。没有一个人是不被阉割的。因此，从形式上讲，

男性气质是对享乐形式的限制，而女性气质则是一种无限的享乐模式。不是因为女性不受阉割，而是因为不阉割的功能并不能决定她们的享乐。严格意义上的男性享乐的特点是仅限于阳具模式。最终，有人可能会争辩说，这是一种激进的主体选择。

因此，女性气质的逻辑不是神秘的或不可言喻的，而是作为一种形式的范畴，它蕴含着无限增殖的可能性。然而，这两种性化模式的奇怪之处在于，在男性方面，男人的范畴是作为一种总体性而产生的，而在女性方面，女人的范畴在逻辑上根本不可能“存在”。因为她的总体性的条件是不可能的（图 4.1）。

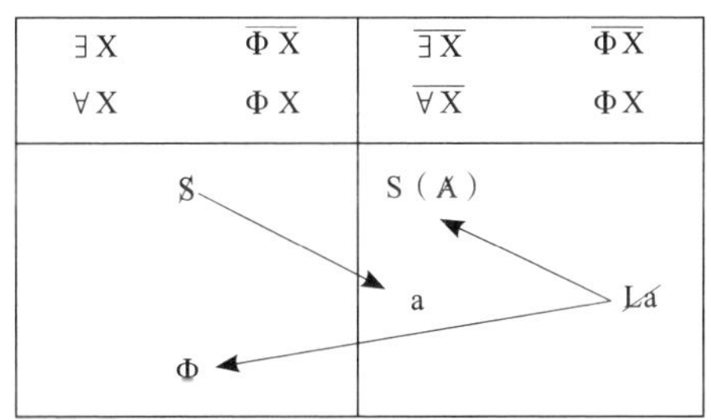

图 4.1 性化图示

这其中的逻辑[1]常常让许多读者难以理解，并且容易产生误

---

1 所有命题都有数量和质量。∀是全称量词，是**每个**、**所有**和**没有**等词的简写。∃是存在量词，它指涉的是**一些**、**某个**、**至少一个**和**多数**这样的词。命题的质量由它的系词决定，无论是肯定的还是否定的。套用科普耶克（Copjec 2015）的说法，肯定是没有标记的，而否定是由放置在谓词上的横杠标记的。图示下半部分的符号表示的是：S 代表主体，$代表被划杠的主体，（Ⱥ）代表被划杠的大他者，a 代表对象 a，Φ 代表阳具。最后，L̸a指的是不存在的女性。因此，该图示可以阅读如下：在左侧，**至少有一个 X 不服从阳具功能**（顶部）；**所有 X 都服从阳具功能**（底部）。在右侧，**没有一个 X 不服从阳具功能**（顶部）；**并非所有 X 都服从阳具功能**（底部）。

解。齐泽克（1995）试图将其澄清如下：

> 95 作为构成阳具功能的例外的典型案例，人们通常会提到原始父亲—**享乐者**这种幻想的淫秽形象：他不受任何禁令的阻碍，因此能够充分享用所有女人。然而，宫廷爱情中的女士形象是否完全符合原始父亲的这些决定性？她难道不也是一个任性的主人吗，想要一切，而她自己却不受任何法律的约束，任意和无耻地折磨和指挥她的骑士—仆人？（online）

重要的是要注意，这些表面上的男性和女性的享乐形式并不专属于解剖学或基因定义中的女性和男性，并且从原则上来说，它们可能与任何类型的具现或性别认同相一致。拉康提出的关键点是，构成这些不同享乐模式的逻辑形式决定了性差异和主体的心理结构。不仅女性气质按照与男性气质不同的逻辑运作，
96 而且在某种意义上，正式的男性气质被归入[1]女性气质。换句话说，在图示的右侧并不意味着一个人无法体验到男性性化和阳具享乐；反之，在图示的左侧也就是将一个人限制在纯粹的阳具享乐模式，亦即依据例外的逻辑运作的限制性享乐模式中。

---

1 雅克-阿兰·米勒的《论缝合》出现在《研讨班 XII：精神分析中的关键问题》中。“subsume”一词多次作为米勒阐述能指逻辑的关键概念出现。米勒借鉴了弗雷格对对象、概念和数字的逻辑区分以阐明“缝合”的概念，对米勒来说，对象必须被归入概念。在这个意义上，与性化图示相关的归入概念根据类似的逻辑运作。

因此，男性气质基于的是一种试图（但失败）成为逃避（符号性）阉割或限制自己的享乐的“一”的逻辑。而在右侧（女性气质），没有普遍的“女人”的概念，因为她的逻辑是非-全的逻辑，她不是建立在对例外的认同上，因为不存在一个不服从阉割的“一”。换句话说，她完全服从于阉割。但悖论的是，在完全服从的过程中，她破坏了阉割的逻辑，因为她知道阉割只是一个纯粹的诡计。正如齐泽克所说，她“看穿了阳具迷人的在场”。不像那些靠阉割决定生死的男人，她知道不存在“他者的他者”，法则之外，没有例外。出于这个原因，她在阳具形式之外参与了**大他者**享乐。从这个意义上说，就像图腾父亲一样，“女人”的男性（阳具）幻想成了一个父之名，一个无情的要求，一个压倒性的、好色的、反复无常的完整和充分享乐的在场。但这种女性享乐的幻想**不能**被误认为是一种女性享乐。

因此，我们可以说，阳具的面纱对女性来说是现实的欺骗，掩盖了她知道自己是一个主体的虚空；而对男性来说，阳具才是一个真正的谜，掩盖了他自以为不是的虚空。这是两个永不相容的立场。这就是为什么性欲的逻辑本身不是建立在两个对立面之上，而是建立在成为一个完整主体的两次失败尝试之上。由此，产生了掩盖这种失败的许多排列和多种模式：我们所谓的“性欲”本身。

然而，正如洛伦佐·基耶萨（2016）在《拉康中的非二逻辑和上帝》（*Not-Two Logic and God in Lacan*）中阐述的那样，《研讨班 XX》中的享乐问题比分别对应于男性和女性享

97 乐更常见的阳具和非阳具形式要复杂得多。他确定了拉康在这里关注的四种不同类型的享乐:(1)男性阳具享乐，通过试图总体化享乐来揭示其非总体性;(2)女性阳具享乐或**奇异享乐**(*jouissance étrange*)，这是男性阳具享乐受挫尝试中固有的非总体性;(3)无性的或神话般的**天使享乐**(来自 *l'être-ange*，即“成为天使”)或癔症享乐，这是对(不可能)被总体化的男性享乐的幻想;(4)非性的但确实存在的女性享乐，作为阳具享乐的补充(但不是超验的)。

一方面，男性的阳具享乐来自男性试图将“一”的外表认同为弗洛伊德那里享用所有女性的部落之父;另一方面，女性的阳具享乐源自唐璜式的女性幻想(Lacan 1998, p. 10)。唐璜无法**计算女人的总数**，因为总会有**另一个女人**出现，因此，女人总是不可普遍化的。在这种情况下，特定的**女性**阳具享乐就等同于试图成为在序列中唯一一个可以满足**所有女人**理论上无法被满足的欲望的女人。基耶萨(2016)认为，鉴于阳具能指的不对称性，“她的性别即语言的性存在——并且在此之后，她对男人的享受是‘奇异的’”(p. 3)。奇异表现为外部的、陌生的或外来的，即源于一种结构性缺陷——她所没有的阳具。这就是拉康所说的**奇异享乐**，但不要将其与**成为天使**相混淆，后者以癔症的方式旨在逃避性化，通过将自己置于“男人”的位置而在“性之外”，弗洛伊德的杜拉就是著名的案例。在这里重要的是，癔症享乐与大他者享乐不同，这正是因为癔症被性化为女性(与解剖结构无关，因为癔症在生物学上也可能是男性的），但她试图扮演男人的角色，以此作为一种手段来逃避她所是的另一种性别。

因此，根据基耶萨的说法，拉康晚期作品中对神性角色的传统解释通常与女性享乐相一致。但他认为这会在某种程度上过度简化拉康的观点。他指出："结构暗示的'上帝假设'的神性不能仅局限于女性：女性**享乐**并不是大他者的专属上帝面 98
孔。"（p. 1）他继续澄清：

> 对拉康来说，上帝有两副面孔，即结构或"上帝假设"的两副面孔。结构不仅仅是一，因为它在男性（"一"）和女性（非"一"）之间摇摆不定。但是，出于同样的原因，它也不是二，因为在"一"与非"一"之间的振荡中产生了一个非二。（p. 2）

基耶萨称之为性的非关系的**不完备性的真相**值得谨慎对待，但它本身会成为另一个关于真相的真相，换句话说，"作为绝对存在的上帝的形象"（p. xii）。对基耶萨来说，这种对拉康的性化逻辑的解读不同于其他解读，因为它放弃了任何所谓的徽标或生命的目的论进化。或者正如他所说：

> 正是对爱的需求——被挫败——"无能为力"——渴望成为最终维持人类性欲的"一"——间接地繁殖和保存了物种——基于两性之间非"一"的关系。（p. 5）

他接着说：

> 我们（努力）因为爱而发生性关系，无论我们与另一个人睡觉的多态倒错动机可能是什么。享乐只不过是爱所必然欲望的“一”的不可能性的一个副产品。（p. 5）

3. 享乐的七种范式？

雅克-阿兰·米勒的《享乐的六种范式》（*Six Paradigms of Jouissance*, 2019）通过拉康的作品考察了享乐概念的运动、发展和变化特征，但更根本的是，米勒概述的范式可以看作对拉康整
99 个理论宏图在其思想的每个阶段的巩固。也就是说，享乐概念修正的每一个时刻都对应着他整体教学中不同的理论侧重点。[1]

米勒对拉康的解释展现了一种持续的努力，根据他所认为的当代文明中精神分析辞说的位置来重新定位拉康的理论和实践。[2]但是，这些范式的转变并没有表现出相互继承的关系。然

---

1 然而，必须指出的是，米勒编辑和出版拉康研讨班的方法并没有受到许多拉康精神分析的学生、学者和实践者的欢迎。米勒对拉康学说的传播可以说反映了他自己对某些拉康概念的特殊的重新解释或强调和形式化（其他未经编辑的版本请参见例如帕特里克·瓦拉［Patrick Valas］在法国的工作或爱尔兰精神分析学院于 2007 年开始的工作）。

2 根据巴迪欧（2008）的说法，这一运动可以追溯到米勒通过他的《论缝合》对《研讨班 XII》的诠释，但鉴于在此期间发生的诸多事情，就我在本书中的观点而言，我认为《享乐的六种范式》定义了米勒在精神分析辞说上的立场。

而，与其说以前的范式无关紧要，毋宁说它们涉及的是享乐概念中的细微差别，使术语有时比看起来的更加丰富，而略逊神秘。这六大范式是：享乐的想象化、享乐的能指化、不可能的享乐、正常的享乐、辞说的享乐与非关系。[1]

第一种范式（**享乐的想象化**）对应于拉康早期以想象界为主导的教学。米勒（在很多指向拉康的文本中）将这一范式描述为拉康在享乐问题上的持久遗产。该范式持续了很长一段时间，以至于被很多人误认为是拉康的全部教学。根据米勒的观点，主导这一概念发展的是“主体间的和辩证的交流”（p. 1）。

他是这样描述该范式的：第一个范式基于“能指与享乐之间的分离”（p. 18），并根据这样一种逻辑运作——通过成功的交流（实言）就能够破译症状，从而创造某种想象中的满足的 100
错觉。这个观点就是说，症状是一种未经传递的意义，它总是通过符号寻找出口。这依赖于一种脆弱的概念，即在交流中存在某种完美的互惠，允许主体之间的和谐理解，或者其他精神分析知识的辞说中所谓的“主体间性”。米勒认为，这个想法很快就被拉康抛弃了，尽管他指的想象的享乐的形式仍然出现在临床环境和日常交流当中。

第二种范式（**享乐的能指化**）接管并最终支配了第一种范

1　必须强调的是，这六种范式虽然可以被米勒定位到拉康教学的特定时间段，但并不能代表那些在拉康思想的每一次新发展中被摒弃的离散或连续的概念。相反，它们可能被视为强调了享乐概念的丰富发展中的不同关注点和多样性，反映了拉康在他的研讨班中每个部分的特殊关注点。

式，因为先前想象的术语被纳入了符号秩序。(因此，在《研讨班V》中，移情从想象轴移动到了符号轴上。)它对应于能指不断的转喻转换。这是拉康“用符号性的术语重新书写冲动”的关键时刻(p. 5)。他将冲动与只是想象的享乐分隔开，并认为冲动来自符号性主体，即源自需要。在这里，我们找到了拉康的冲动的数元表现：

$$\$ < > D$$

及幻想公式：

$$\$ < > a$$

米勒指出，这个幻想公式将在很长一段时间内都是处理幻想的焦点，是“想象和符号的扭结，和对两个界域都至关重要的缝合点”(p. 5)。

米勒称之为**不可能的享乐**的第三种范式出现在《研讨班VII：精神分析的伦理学》中，也就是所谓的实在的享乐。通过“将能指化推向极限”(p. 6)，拉康在享乐的领域中引入了一个新维度，即**原物**(弗洛伊德术语中的 *das Ding*)的维度。米勒
101 指出，它在拉康的数元中从来没有出现，正是它的怪怖性质让它不可能是一个符号性的术语。

就享乐而言，它实际上是欲望的功能通过想象和符号来运

作，充当了对抗实在和它所体现的享乐的屏障。因此，文明的工作就是通过道德律令及其制度所提供的约束来建立保护屏障。这些约束介于欲望主体和享乐的剔除效果之间。关于米勒上面提到的欲望图示，他认为在《研讨班 VII》中开创的这个范式意味着：

> 对图示的根本重绘暗示了压抑这一防御机制的替代方案。压抑是一个从属于符号的概念，它与破译的类似概念相对立，但这种防御机制的替代方案暗示了一种先于存在的面向。正如拉康所说，它甚至在压抑的条件形成之前就已经存在了。（p. 7）

正是在这次研讨班上，拉康探讨了精神分析的伦理学，援引安提戈涅的希腊悲剧和康德与萨德的并列交叉解读，以重新审视作为法则的另一面向的享乐问题。总之，第三种范式是作为僭越的享乐。

米勒将第四种范式称为**正常的享乐**，但他说他本可以将其称为破碎的享乐。这种破碎的享乐出现在《研讨班 XI：精神分析的四个基本概念》中，是可以被分解为（各种）**对象 a** 的享乐。从某种意义上说，这对《研讨班 VII》中实在的或深渊的享乐来说是一种非凡的、突降般的背离：一边是高尚的牺牲，另一边则是令人发指的淫秽的犯罪（因此米勒称其为“正常”）。“它不是位于深渊中，而是在一个洞穴中……享乐不是通过英勇的僭越行为来实现的，而是通过上头的冲动，通过回返的冲动来实现的。”（p. 9）米勒接着说，这两个研讨班的氛围（*Stimmung*），即情感色彩是完全不同的。在《精神分析的伦理学》中，我们所谓的享乐与恐怖有关，有必要通过施虐狂来理
102 解它。在享乐中体验到的是一种可怕的身体分裂，一次死亡不足以证明它是正当的。他补充道：

> 在《研讨班 XI》中，与享乐相比较的模式是艺术、绘画和对艺术作品的宁静沉思。正如拉康所说，艺术作品可以抚慰人们，让他们安心，让他们感觉良好。（p. 10）

米勒在从《研讨班 VII》到《研讨班 XI》的过渡中发现了某种逆转。在前者那里，我们从稳态中的快乐原则开始，沿着它追求不可能的享乐的轨迹，直到最终完全的施虐性破碎。在后者那里，我们从另一边开始，即以破碎为起点；身体分裂为部分冲动和性感带，它们根据自己的意愿运作。但与先前的范式相反，由于冲动享乐将事物带回平衡而没有僭越，（某种）整合得以实现。米勒问为什么会发生这种逆转，并推测这与在《研讨班 XI》开始时拉康以前所未有的方式重新定义了无意识有关。以前，拉康将无意识描述为“秩序、链条、规律”，但现在，他突然将其重新定义为“打开和关闭的边缘”的不连续性（p. 11）。他为什么这样做？米勒的回答是，拉康试图将无意识等同于一种性感带。米勒将其描述为“肛门或嘴巴”（p. 11）。

拉康这样做是为了表明在符号无意识和冲动功能之间存在结构上的相似性。在这次研讨班上，拉康这样向他的听众讲话：

> 现在，我不是在做爱，我在和你说话。好吧！我可以获得和做爱完全一样的爽快感。就是这个意思。事实上，它提出了一个问题，即我是否真的在做爱。在冲动和满足这两个术语之间存在着一种极端的矛盾，它提醒着我们，对我来说，对冲动功能的使用除了质疑什么是满足之外，别无其他。（Lacan 2004, p. 166）

米勒认为，正是在这个范式之后，拉康“将无意识构造为类似 103
于身体器官中的某种东西”（p. 11）。享乐成为一种实体，填补了失落对象的空白（回想一下，享乐是拉康承认的唯一实体）。这些只不过是构成性主体的原始失落对象的痕迹，形成了主体性本身的结构性失落。拉康用他著名的薄片神话来解释这一点。这个薄片是不死实体一样的变形虫，它在出生时就离开了孩子的身体（或据称是任何生物，但可能特指**言说**存在）并飞走了，再也不会被看到，但总是被追捕或让人害怕。但这不应与作为对能指的超越和轨迹终点的**原物**相混淆，因为薄片是进入符号界的自然失落的神话表达（正如我们将在第六章讨论的一样）。

在《研讨班 XI》中，“享乐将自己重新建立……在对象 a 的形象下，即一个比原物更谦逊、更微小、更容易处理的东西。对象 a……是原物的松散变化”（p. 12）。原物和对象 a 之间的区别在于，原物在现实中作为一个不可象征的怪物形象运作，而对象 a 则源自大他者及其对身体的影响，是欲望之因的对象。

第五种享乐，即**辞说的享乐**，出现在《研讨班 XVI》《XVII》和《无线电话》中，但人们最熟悉的形式还是拉康的四大辞说：主人辞说、癔症辞说、大学辞说和分析家辞说。在这个范式中，能指和享乐第一次密不可分地联系在一起：

> 在这第五范式之前，拉康总是以这样或那样的方式描述结构、能指的表达、大他者、主体的辩证法。然后在第二个时期，问题是要知道生物、有机体、力比多如何被结构所捕获。辞说概念的变化在于，能指和享乐的关系是一种原始的关系。正是在那里，拉康强调，重复是享乐的重复。（p. 13）

104 因此，正是在《研讨班 XVII》中，拉康为真理与知识的分离提供了最广泛的证明。根据这一范式，真理对应于任何一个辞说中知识生产在数学结构中的特定位置（也就是说，代理的横杠下是什么）。

根据米勒的说法，获得享乐不再是“通过僭越，而是通过熵，和能指产生的损失”（p. 18）。出于这个原因，拉康（2007）有句名言：“真理是享乐亲爱的妹妹。”（p. 202）因此，能指产生的缺乏效应就是拉康所说的剩余享乐。但是，剩余享乐可能占据辞说四元结构中四个位置里的任何一个（见图 4.2）。因此，辞说模式的差别改变了享乐的运作对主体的意义。

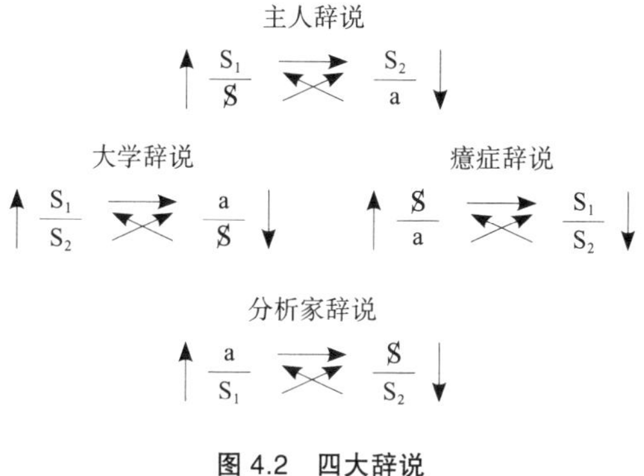

图 4.2　四大辞说

拉康（2007）阐明的四大辞说界定了不同的社会纽带模式，并由一个正式的辞说结构组成。该结构根据四元结构或数学上的术语排列旋转了知识相对于真理的位置。[1] 这四个术语是，S_1 作为主人能指，S_2 作为知识，$ 作为被划杠的主体，a 作为对 105
象 a 和剩余享乐。这些术语旋转的四个位置是：代理、大他者、真理和产品（图 4.3）。

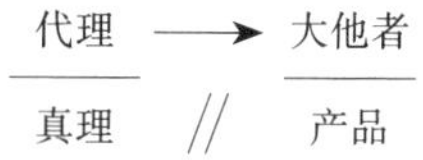

代理 ⟶ 大他者

真理 // 产品

图 4.3　四元结构

此外，辞说范式的意义在于，在将享乐分解为多种多样的

1　可以说，这就是使这种特殊范式和研讨班成为拉康所有学说中最具政治适用性的原因。它将与享乐相关的知识传播形式化，超越了个体的临床应用，而成为一种理解社会结构和文化实践中大规模享乐运动的模式。此外，它还提供了一种理解科学辞说与政治和宗教的相关位置的方法。

对象 a 时，剩余享乐的概念就与资本主义辞说完美契合了。换句话说，对象 a 的新型化身可能永远没有尽头。享乐以前是浮夸的、崇高的和挑战伦理的东西，但现在它已沦为琐碎的消费主义。从定义上讲，这种消费主义总是假设满足永远不会真正到来，从而产生对最终将要**实现**的东西的无休止的探索。

第六种范式是**非关系**。这个版本的享乐出现在《研讨班XX：再来一次》中。它基于能指与所指之间、男人与女人之间，以及享乐与大他者之间的非关系。正如米勒解释的：

> 在《再来一次》中，[拉康]对语言的概念提出了质疑。他认为语言概念是一种派生概念，而不是原始概念，与他所谓的**牙牙学语**形成对比：牙牙学语是一种先于语法和词典编排的言语。同样，拉康质疑言语的概念，言语被构想为不是一种交流，而是一种享乐。虽然在他的教学中，与能指相比，享乐总是次要的，他甚至将其发展为一种原始关系。但迄今为止，被视为原始给定的语言和结构现在在第六范式中也必须表现为次要的和派生的。（p. 21）

106 拉康在第六范式中阐明的不仅是能指和所指之间的根本分离，而且是性关系和通过其追求可以达到的享乐模式中的根本分离。在他将言语与语言分离的过程中，拉康指出，虽然能指和所指之间没有任何必要的联系，但任意的联系本身就是享乐的原因，一种身体的享乐。拉康在同一个研讨班上通过他的性化图示证明了不存在的性关系。

在《研讨班 XX》之后，拉康开始寻找其他方式来表示心理的想象、符号和实在秩序之间的关系，而这并不符合信息单元的可传递性（聚焦于拓扑和扭结理论）。到目前为止，拉康试图将精神分析形式化的结构似乎已经失去了对享乐操作的控制。在拉康教授“父之名”的这个阶段，阳具和俄狄浦斯都变成了假相。此外，拉康担心在这一点上，精神分析在文明中已经不再“起作用”。他甚至说：“我要说，实在是言说的身体的奥秘，是无意识的奥秘。”（Lacan 1998, p. 131）

对米勒来说，自然脱离实在导致了对性关系不可能的揭露。失落对象不再是一个反复无常的自然之谜，而是被直接放置在社会领域中，就像商品一样。欲望之因的对象被去自然化和恋物化了，不再按照性化的逻辑运作。正如米勒所说：

> 剩余享乐是无性的。它命令着，但它命令了什么？它不是命令“有效”，而是命令“失败”。准确地说，我们书写的是一个$\cancel{S}$。一般来说，我们划掉一个字母，是因为我们犯了一个错误。在这里，剩余享乐命令了一个“失败”，并且恰恰就是在性秩序中的“失败”。而且我看不出是什么阻止我们考虑这个$\cancel{S}$意味着：性关系不存在，更何况首字母 S 与性的首字母相同。这将导致我们说，性关系的不存在在今天已经变得很明显，以至于从对象小 a 上升到社会的那一刻起，它就可以被具体化、被书写。（Miller 2004, p. 10）

107 米勒指出，拉康一直小心翼翼地将在弗洛伊德的时代精神分析所能做到的与他自己这个时代的区分开来。当“发明成了常规”（p. 23）时，他开始认识到，即使是他自己的发明——无论是概念的、结构的还是数学的——也可能已经从发明变成了常规。基于这种承认，拉康（1998）必须抛弃他以前所有的享乐范式，用**言在**的奥秘代替无意识的数元，打开他关于**圣状**的最后教学阶段。用米勒的话来说，言说的身体在概念上替代了无意识。

根据米勒的观点，这是一种非辞说的享乐，一种不依赖于大他者的享乐，甚至是一种“自闭的享乐”。

> 这首先需要在没有任何唯心主义的情况下安置享乐。在这一点上，正如犬儒主义者说的那样，享乐的场所就是身体本身。拉康表明的是，所有实际的享乐、所有物质的享乐都是“一”的享乐，也就是说，是身体本身的享乐。无论以何种可用的方式，享乐的总是身体本身。（p. 25）

正是在这个意义上，米勒（2013a）认为，21世纪见证了一场巨大的“实在的混乱”。这种与享乐相关的先验或逻辑结构失落的假设引起了唯物主义者对拉康理论的重构。米勒急切地指出，并不是说不存在结构，而是越来越难以区分什么是结构的和什么是实在的。

因此，我们在拉康的享乐概念的发展中看到了轨迹始于意义和意指，止于无意义和身体。鉴于米勒在拉康的教学中发现了六种享乐范式，最后一种对应于非关系，也就是说，性的非关系，他似乎随着“实在的混乱”暗示了另一种范式正在出现。难道我们没有见证**第七**范式出现的可能性吗？这种范式有没有可能从属于**人工智能的精神分析**的视域？

4．什么是性机器人？ 108

自 20 世纪 90 年代以来，拉康派临床已经注意到症状逻辑的明显转变。以往总是以（主体）与能指的关系或拉康的经典术语“父之名”等普遍形式来界定神经症，而如今，身体的效应变得更加明显，因而能指对身体的影响更加符合对精神病结构的诊断。[1] 虽然我们十分熟悉拉康对精神病结构的解释，但实际上，他的立场在其整个教学过程中经历了几次重大变化。[2]

在《研讨班 III》中，拉康回顾了弗洛伊德对丹尼尔·施

1　来自言说的身体的临床基础不仅假设了日常精神病，还带来了理解自闭症病例的新思路。这表明，普遍除权的概念也为自闭症工作中的享乐制度指明了道路。充分探讨其临床治疗的复杂性超出了本书的范围，但我们知晓的是，从像语言一样建构的无意识到言在的转变对于理解自闭症主体的特殊性和对拉康真理球中剩余享乐的回应的普遍化倾向具有重要意义。换言之，广义自闭症的概念不仅体现了资本主义辞说的“享乐禁令”的特征，而且强调了享乐身体的概念是科学辞说的主体。如需从拉康的角度进一步讨论自闭症，请参见让-克劳德·马勒瓦尔（Jean-Claude Maleval 2012）和利昂·布伦纳（Leon Brenner 2020）。

2　根据斯提吉·瓦恩豪尔（Stijn Vanheule 2014）的说法，这些不同的精神病概念可以分为四个阶段：想象认同的阶段；能指的阶段；对象 a 的阶段；扭结的阶段。

瑞伯法官（Judge Daniel Schreber）《我的神经疾病回忆录》（*Memoirs of my Nervous Illness*, 2000）的分析。对施瑞伯来说，他存在的某些基本方面缺乏意义。这位可怜的法官受困于强烈的妄想，这种妄想牵连到了他的整个身体，使他认为自己是一个为上帝怀孕的新娘。在他的幻觉中，他真正地“怀上”了他无法融入其象征宇宙的神秘能指，这个能指像来自上帝的“神圣光芒”一样侵入了他的身体。正是这种将主体定位为**大他者享乐**的容器的模式，被拉康称为“**推向女人**”（*poussé à la femme*）（Lacan 1993）。因此，精神病主体被过度接近的对象所困扰，这个对象居住在他的身体中，是一种无法忍受和无法安置的享乐。

下一个时刻发生在《研讨班 X》之后，拉康（2014）将注
109 意力转向了与焦虑相关的**对象 a**。从这里开始，精神病的除权不再关涉物质能指缺席的问题，而更多关于将对一个一致的大他者的信仰安置为法律担保的失败的问题。在这一点上，**对象 a** 和享乐的概念被引了进来，用来理解符号界未能解释的某些存在的维度。这是博罗米临床的时代，在这个时代，拉康通过他在《研讨班 XXIII》上对詹姆斯·乔伊斯（James Joyce）作品的分析转向了拓扑学。正如米勒（2015a）所说：

> 症状作为一种像语言一样建构的无意识的构型，是一种隐喻，一种意义的效应，由一个能指代替另一个能指引起。另一方面，言在的圣状是身体的事件。（p. 126）

正是通过对詹姆斯·乔伊斯及其小说《芬尼根的守灵夜》（*Finnegan's Wake*）的研究，拉康展示了一种与他所谓的**牙牙学语**有关的新逻辑，他将这个术语与作为一种差异符号系统的语言进行了对比。牙牙学语意味着能指被当作一种基本现象来使用，也就是说，在能指链中，S_1 与 S_2 是分开的。在这里，拉康将想象界、符号界与实在界同时重新部署为主体的维度，这些维度被第四个术语“圣状”扭结在一起。因此，博罗米临床关注成功联结想象界、符号界和实在界的环的条件。在这一点上，精神病的发作来自这些界域的解体。

在对“日常精神病”这种新型精神病的表述中，父之名只是作为一种可能的圣状（或稳定机制）的形式而运作。为了在日常精神病的时代有效地发挥作用，父亲必须只作为法则的一种版本而存在，即父亲版本（*père-version*）（Lacan 2016）。对拉康而言，圣状正是主体从他或她的基本幻想中构建出来的享乐形式。正如米勒指出的，传统的精神分析工具——父亲、俄狄浦斯、阉割和冲动——已不足以应对不断浮现的新症状。主体可能会体验到这些症状：他们可能想要移除或增强某些身体部位，也可能令人费解地想要保留或限制某些可能会“飘走”的 110
身体部位。这里的症状逻辑可以说已经避开了性化公式的逻辑，不再是对大他者的性（位置）的朝向或迷恋，而是关注主体重新占用身体和管理享乐的需要。

这些不同的症状形成属于与精神病结构相关的三个经典

问题的领域：意义、身体的兴奋，以及与大他者的距离和远近。首先，精神病的意义问题与谜的现象有关：精神病主体体验到从他们周遭的能指中散发出的深远意义，但无法破译它们以何种方式联系于信息的形成（Lacan, 2006b）；其次，精神病主体将身体上的过度感觉视为一种无法承受的负担，必须加以驱除，一种由“他们口袋里”的对象 a 的在场产生的过度享乐（Vanheule 2014）；第三，精神病主体常常以一种不舒适的形式接近大他者，大他者不必要地侵入了他的身体，而这种侵入回避了（被除权的）父性能指的调解。

无意识被言在或言说的身体所取代，神经症的规范标准被日常精神病的假设所取代，这标志着拉康领域中理论和临床的重大转变。可以说，这两种取代都建立在一系列临床假设之上，这些假设与我们和大他者关系上的不一致性有关。大他者不再“命名”（name），而是“指派”（nominate）（Brousse 2013），由此，S_1 成了拉康在《研讨班 XX》中所说的“一群”；假象的瓦解；父之名的复数化；主体与对象 a 之间的短路；以及因此“无法安置”的享乐。米勒（2015a）在他关于言说的身体的开创性演讲中提示我们，拉康在《精神分析的四个基本概念》和《无线电话》中提及的肉身是“带有符号印记的肉身，符号切碎了肉身，使之失去活力，使之尸化，然后身体就与肉身分离了”（p. 125）。米勒解释说，言在并不是通过言语而存在的，而是言语通过追溯效应将存在归于这个动物。在这一点上，身体切断了自己与是（being，存在）的联系，以便进入有（having）的领域。言在**有**一个身体，而非**是**一个身体。

然而，值得注意的是，正如沃鲁兹和伍尔夫（Voruz and 111
Wolf 2007）指出的那样，虽然圣状的概念可能对应于之于男性主体的女人的位置，但这种关系并不是对称的。正如拉康在《研讨班 XXIII》中说的，对女性主体来说，男人是一种“折磨”，或者换句话说，一种天生具有破坏性的存在。

> 对女人来说，男人可以是取悦你的任何东西，尤其是比圣状还糟糕的痛苦。甚至是一种折磨。（Lacan 2016, p. 84）

无须进一步阐述就可以看出，至少从形式上讲，这是不证自明的，而且是历史正确的。从定义上讲，“男人”对“女人”来说是一种致命的疾病。出于这个原因，晚期拉康不仅对精神病临床中从二元到连续的临床结构变化的理论化具有重要意义，而且在女性临床方面也取得了重要进展（*ibid.*, p. xv）。玛丽·海伦·布鲁斯（Marie Helene Brousse 2013）将日常精神病与**非-全**的逻辑联系起来，作为除权的一种替代方案，从而实现了享乐的多样化。而在古典精神病中，妄想是“异常的”，主体必须致力于成为规则的例外，以解释缺失的父性能指。例如，施瑞伯必须成为“上帝缺乏的女人”（p. 10）。古典精神病主体试图实现一种例外的逻辑，从而维持“至少有一个 X 不接受阉割”

的公理（p. 10）：

$$\exists X - \Phi X$$

然而，就像布鲁斯解释的那样，在日常精神病中，主体“并没有致力于体现他们在符号秩序中缺失的例外功能”（p. 10）。分析的工作是在主体与这种幻想的分离中构成的，以便让圣状以有益的而不是破坏的方式发挥作用，让主体以一种可以忍受的方式生活在他们的享乐制度中。正如布鲁诺·德·哈勒（Bruno de Halleux 2016）所说，当对象 a 成为“文明的指南针”（p. 103）时，主体或言说的身体就不再必须通过大他者来获得享乐：

> 112 阉割被取消了。幻想被对象短路了。不再需要语言及其辩证法。消费的对象被排空了语言。性对象处于最前沿。没有必要将它转化为语言的对象。能指，或者说能指链，在这个操作中被取消了。只有享乐的对象。就是这样。（p. 103）

就像米勒（2015b）提到施瑞伯时解释的那样：

> 施瑞伯有一个私人妄想。他无法在 19 世纪后期的普鲁士为每个人制造他的妄想，因而不得不将这个妄想私人化。

> 他开展了一项单人妄想的事业。所以你可能有一个妄想的符号秩序。（p. 101）

他在这段话中继续说，在拉康的晚期教学中，他非常接近于说所有的符号秩序都是一种妄想。事实上，生活是没有意义的，当它有了意义，这纯粹是妄想，但这种妄想是本质性的。我们必然都是“疯子”。

> 在临床中贬低父之名带来了一种前所未有的视角，拉康通过说这句话来表露它：每个人都是疯狂的，也是妄想的。这不是一句俏皮话，它把疯狂的范畴延伸到了所有同样缺乏性知识的言说存在身上。（Miller 2013b, p. 200）

在对“日常精神病”的临床概述之后，我想提请注意弗里德里希・基特勒（2013）对精神病的技术性调用。他提醒我们注意施瑞伯法官设想自己被原始控制论之神俘获的特殊方式——上帝以一种电缆和光纤网络的方式侵入了他。我们甚至可以说，这位可怜的法官在精神病发作的高峰期——**被推向女人**——不仅成了上帝的妻子，而且成了上帝的原始“性机器人”。正如基特勒（2013）指出的，有关疯狂的辞说总是过迟地显示为福柯意义上的认知断裂的历史标志，施瑞伯就是一个特别好的例子。正如基特勒所说：“精神病总是与知识政治学相切”（p. 59），因为“这种文化中总被认为是异质的、边缘的和难以忍受的东西，

113 迟早会作为其构成要素之一而占据一席之地”（p. 57）。基特勒进一步叙述了施瑞伯的妄想与当时的科学范式——弗洛伊德本人正在研究的热力学、电力学和神经学范式——的惊人相似之处。

> 施瑞伯的《回忆录》以一种神经学的精确性描述了所有连接恶意上帝的辞说的神经轨道。上帝的辞说从数百万公里之外发送到了他大脑中的语言中心。在弗洛伊德的判断中，这些相同的“太阳光线、神经纤维和精子”正好对应于区分神经症和精神病的力比多投注。疯狂和理论有着一种团结一致的关系。（p. 59）

事实上，施瑞伯向上帝的新娘的转变似乎与弗洛伊德的智力发现完全吻合，以至于如基特勒指出的，弗洛伊德如此问道：“我的理论中是否存在比我愿意承认的更多妄想？或者施瑞伯的妄想中是否存在比其他人愿意相信的更多真理？”（引自 Freud, Kittler 2013, p. 59）正如我们所知，施瑞伯的案例成为拉康早期精神病理论的基石，并为他的结构诊断提供了框架。但是否存在这种可能：施瑞伯对他遭到神经纤维和精子入侵的书面描述将他标记为一个全能大他者的绝对享乐对象，为我们召唤出了一个类似于今天的人工智能性对象的幻想和猜想图像？施瑞伯的妄想实际上是一种对未来的憧憬吗？享乐的身体每时每刻都淫秽地对所有人可见的这个所谓的“色情时代”，是不是施瑞伯私人妄想的一个公开版本，是不是对构建一种越来越不可能的性关系的幻想的尝试？在技术对象和女性的这种表述中，我们或许会开始看到，日常精神病临床在重新思考女性幻想在我们正在模拟或业已完成的不存在的性关系的技术形式上的根本潜力的意义。

身体不得不屈从于全能（或许无意识的）上帝的享乐；或者就如基耶萨（2016）所说，上帝是“一个无法与之性交的伴侣”（p. xiv）。

既然谈到了“无法与之性交的伴侣”，我现在就转向我的关 114
键概念。如果你愿意的话，我认为还存在第七种享乐的范式，**即性机器人**。到目前为止，我们已经探讨了围绕这个不可能的对象流转的三个领域：AI、抽灵机和性的非关系。在这一过程中，一个圣状以问题的形式出现了：**什么是性机器人?**

Abyss Creations（其前身为 *Realbotix*）是创造了目前最先进的性机器人的公司。这些人形设备配备了复杂的人工智能应用程序，允许它们的用户进行基本的对话和轻微的挑逗，并且没有禁止（插入式）性交。它们的身体是完全可定制的——头发、眼睛、皮肤、乳房的大小和形状、乳头的选择、许多阴道配件——甚至特定的地区口音都可以由购买者决定。它们的性格也多种多样，包括感性的、不安全的、嫉妒的、健谈的、深情的、开朗的、乐于助人的、不可预测的、精神的、有趣的、喜怒无常的、感性的，甚至是“智能的”。

作为有史以来第一家智能化定制性机器人制造商，*Abyss*

Creations 的使命宣言是“马特·麦克马伦（Matt Mcmullen）、Daxtron 实验室和 NextOS 共同梦想的结果。他们倾注了最大的努力和各自的专长，共同创造了世界上第一个实用的、买得起的类人机器人”（Realbotix 2020）。但他们梦想的核心是什么，他们的项目面临的棘手**现实**是什么？如果我们只看到其目的是为取悦用户而创造出女人（有时是男人）的幻觉，并且确实在持续创造越来越逼真的模型，提供令人难以置信的真实感，这并不是什么伟大的洞察力。那么问题来了，终极性机器人究竟**将变成**什么样子？它们什么时候会变得**太**人性化？它是不是正如网站所暗示的，是亲密的拟像，意味着你将“再也不会孤独”，或者从更深层来说，这根本不是幻觉，能够与没有“灵魂”的身体进行性接触才是一种现实的情色奖励？换言之，一个**不死之身**。但这不仅仅是一个以人造女性身体的形式被实体化的恋物癖对象的问题。

虽然围绕当下性机器人现象的许多流行辩论似乎都有关于如何管理“倒错”身体及其欲望的伦理和伪生命政治问题，但
115 这并不是我在此关心的。对性和 AI 的未来的某些描述似乎完全缺失了一个事实，即性的成问题的本质及其对言说存在的本体论意义，例如迈克尔·豪斯凯勒（Michael Hauskeller 2014）在他的《性与后人类境况》（*Sex and the Posthuman Condition*）一书中期待着多种形式的后人类性行为可以释放的巨大潜力。他提到了超人类主义者大卫·皮尔斯（David Pearce）的《享乐主义命令》（*The Hedonistic Imperative*），后者对未来的后达尔

文主义式生存的看法至少可以说是雄心勃勃的：

> 以前被认为是充满激情的性爱的只是一种温和的、令人愉悦的前戏。此后，凡人肉体从未意识到的令人陶醉的强烈色情快感将得以在所有的朋友和爱人中被享受。（引自 Pearce, Hauskeller 2014, p. 4）

根据皮尔斯的说法，这种天堂般的事态的关键在于，我们将规划出各种可能会阻碍这一点——令人陶醉的色欲狂欢——的不便问题，例如嫉妒（更不用说怀孕、性病传播或性交易）。此外，关于“世界超人类主义协会”的亚历克斯·莱特曼（Alex Lightman）发表的声明，即奇点的主要目的是让我们拥有“绝佳的性爱”，豪斯凯勒认为：

> 它有着一定的逻辑。如果我们假设生存的最终目标是幸福，一个人的幸福是通过其体验到的快乐来衡量的，并且我们所知道的最大或最强烈的快乐本质上是性的，那么我们确实应该希望奇点最终打开通往充溢着性快感的生命的大门。这至少可以解释为什么性在超人类主义和等待着我们的后人类未来的愿景中扮演着如此惊人的重要角色。（p. 4）

豪斯凯勒虽然狂喜地等待着这个幻想中阳具崇拜的永恒快乐的

乌托邦，但他确实继续指出了超人类主义圈子中存在的明显矛盾：一边是将血肉之躯贬低为“肉娃娃”（Meat Puppet）——一
116 旦我们可以将自己上传到虚拟领域，就应该尽快处理掉它；另一边则是将这种对身体快感的矛盾崇拜作为奇点的最终目标。对超人类主义运动中的许多人来说，最终幻想似乎就是成为一个性机器人。

正如我们在拉康派精神分析进路中讨论的那样，性恰恰没有什么“意义”。它占据并体现了一个本体论的空洞。我们可以说，它是一个意义的**深渊**。因此，*Abyss Creations* 这个名字准确地指出了性（非）关系及与人工智能的**怪怖**而可怕的相遇背后的结构逻辑。正如弗洛伊德（1919）在他的文章《论怪怖》（*Das Unheimliche*）中讨论的那样，怪怖表达了一种陌生的熟悉感，这种陌生的品质通常与看到一个你从未见过的人的脸，并莫名其妙地注意到他与你认识的人有着相似性的经历相关联。这种令人难以忘怀的体验类似于与人工智能的幻影般的相遇，这导致一种不安的感觉：“真的有人‘在里面’吗？”这是我们面对主体性假设时陷入的深渊。我们为了参与任何社会或伦理活动而被迫做出了这种假设。我们必须假设有人“在里面”，但我们永远不知道是否**真的**如此。用拉康的术语来说，这是一种**想象性**认同。这当然是必要的，但最终是一种自欺欺人。它从不解释相遇的**实在性**部分，它总是无情地逃避任何共同的**符号性**视野。这是他者中完全不可知的部分。

性行为涉及的是深渊相遇的终极形式。但这一次的问题是，

不可能真正**知道**他者的享乐，并且一个人只在自己的幻想中体验过这种享乐。这就是为什么在所有人的性生活中都总是存在三个要素。第三方是幻想的空位持有者，这是使任何性活动成为可能所必需的。人工物品可以作为性幻想的表征，这一事实向我们展示了主体性的真正恐怖：幻想是唯一真正维系我们性关系的东西。对拉康来说，基本幻想是作为符号性阉割和俄狄浦斯戏剧调解的结果而构建的，它是主体引导他的欲望和构建其享乐制度的框架。至关重要的是，幻想的构建也允许主体在幻想的三元俄狄浦斯结构中处于多个位置，从而与享乐的破坏 117
性影响保持一定距离。一个人永远不可能在幻想中与自己完全重合，必须总是绕道而行。性总是且只是栖居于这种错过的相遇中。

女性享乐（及它的禁止和惩罚）无疑是我们文明的绝对魅力所在。一切文化对女人如何**享受**的问题都持有或公开或隐蔽的痴迷。这不仅指对女人和女孩的过度对象化和性化，还包括对母亲对于孩子的物化迷恋的神圣化，以及对女人性享乐的厌恶和愤怒，社会常常将其编入暴力和死亡的维度。但是根据齐泽克（2005）的说法，这里出现了拉康式的扭曲。奇怪的是，当一个色情图像“对象化”女性身体时，实际上不就是将女性的享乐地位**主体化**了吗？在我们痴迷于控制和展示女性身体的过程中，我们真正着迷的难道不是女人在各种快乐和痛苦的阵发中获得的谜之享乐吗？这种迷恋不仅限于那些被性化为男人的人，女人也被这种所谓的**大他者**享乐迷住了，她们被认为拥

有这种享乐，并被鼓励去培养这种享乐。用齐泽克（1995）的话来说：（图 4.4）

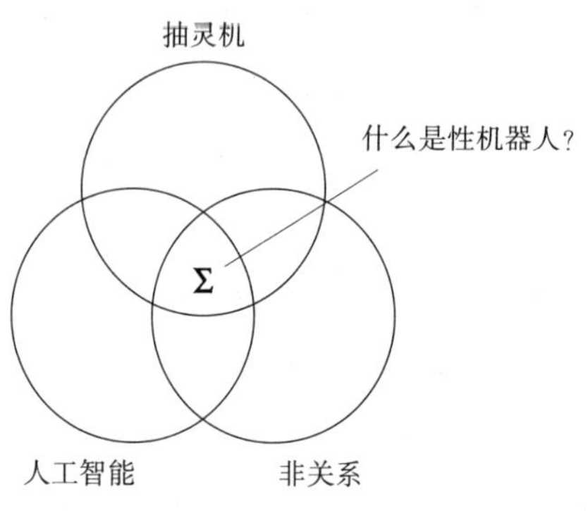

图 4.4　什么是性机器人？

118 　　让我们以恰如其分的黑格尔对立统一的悖论——这种悖论是女性标准概念的特征——为出发点：女性是一种表征，一种卓越的奇观，一种引人入胜、吸引目光的形象，同时又仍然是一个谜，一个不可表征的、先验地逃避目光的东西。她完全是表面的，既毫无深度，又深不可测。

综合考虑三个方面：AI、抽灵机和非关系；以存在与思维之间的奇点形式呈现的 AI 的最终实例，性知识的精神分析僵局的解决方案；以及性的原始和人工技术——我们想出的形象就是性机器人。性机器人的概念以其作为迷人的壮观对象和晦涩的女性享乐形式的奇特地位，代表了比当前关于性机器人问题的文献所阐述的更为复杂的东西。[1] 正式地说，从逻辑要素的角度来看，性机器人占据了人类与技术之间、知识与享乐之间以及性与死亡之间的概念空间。

到目前为止，我们已经考察了我们与人工智能日益增长的关系的影响，检查了我们的幻想和误认，以及我们在面对不可知的 AI 大他者时所遭遇的理解上的基本僵局。我们已经探索了与 AI 相关的知识的局限性，及其在我们对奇点、理性的创伤、计算机的不可计算性和智能的愚蠢的推测中表现出来的不同方式。就精神分析而言，我们已经看到当代主体如何开始与以抽灵机的形式呈现出来的人工对象建立新的关系，冲动被分
裂成各种部分满足的模式，并可能以无穷种方式增加：用拉康 119
（2007）的话来说，因为抽灵机不完全是存在，也不完全是大他者。

先前被**对象 a** 的假相掩盖的性关系的缺失现在被暴露出来了；性关系是不可能的。以下章节将从三个不同的角度探讨这种人工智能模式中的不可能性维度：

1　学术界关于性机器人问题的两位最重要的评论家对其潜在的危险或好处持不同意见。德蒙福特大学机器人与人工智能方向的伦理与文化教授凯瑟琳·理查德森（Kathleen Richardson 2018）于 2015 年发起了反对性机器人运动。她认为，性机器人是一种有害的发展，将导致危险权力结构的加强和增殖，剥削的合法化，以及对妇女和儿童的性对象化。另一方面，伦敦大学金史密斯学院计算机系高级讲师凯特·德夫林（Kate Devlin 2018）在人机交互和人工智能领域工作，他认为性机器人实际上可能具有治疗甚至解放的功能。

（1）作为外部的性机器人：知识

（2）作为内部的性机器人：行动

（3）作为外密的性机器人：希望

那么，什么是性机器人？人们必须将性机器人的元素拆开并检查它们。如果我们认真界定这个向我们展示了性差异之谜的非人类、非生命智能的幻想，那意味着什么？一个在思考却非人类的造物，一个未存活却又**不死**的造物，一个是男是女却尚未“出生”的造物。所有这些都是概念上属于性机器人的主要元素。一旦满足这些标准，那意味着什么？我提出以下观点：思维对我们来说是异质的，享乐是不死的，性化不是生物学上的而是本体论上的。

虽然我们已经暗示了性机器人提供了第七种享乐范式的可能性，我们也只能勾勒出这样一个概念上的维度。在下文中，我们将探索性机器人作为（人类）主体的外部、内部和外密的不同阵列。为了深入探索这些元素，我们的每一次复述都将以三个康德式问题的形式单独处理。第一，性化和享乐（知识）；第二，享乐和死亡（行动）；第三，生育和物种（希望）。

第二部分

第五章　我能够知道什么？人工享乐 125

> 我对亚当和夏娃的结构没有教条的看法。大家都知道上帝用肋骨创造女人的故事。人们常说，上帝创造了女人。也许上帝读过拉康。
>
> ——米勒：《你是大他者的女人，我欲望你》，2013

1．科普耶克与 AI 的二律背反

“我可以知道什么？”——这是康德（1996）的巨著《纯粹理性批判》（*The Critique of Pure Reason*）中标志性的认识论关切。从这个批判性的哲学纲要中浮现出的问题将“我”呈现为一个普遍的主体（相对于一个具体的个体而言），正如科普耶克（2015）指出的：“主体从定义上来说似乎是中性的、非性的。”（p. 212）然而，也正如科普耶克在《阅读我的欲望》（*Read My Desire*）中提出的，如果精神分析的主体总是有性的，那么，“性差异的主体是如何进入批判哲学的框架的？我们是通过什么途径得出‘普遍的’主体**必然**是有性的这一明显矛盾的结论的？”（p. 212）科普耶克认为，关于中性的普遍主体的
126 论点是建立在这样的假设之上的：性相当于与主体有关的一些积极的品质或前提。但对于主体的拉康式定义来说，这根本不成立。在精神分析的术语中，主体遵从着一种内部限制，一种在符号阉割的结构性质中固有的语言失败。重要的是，正如我们在第四章中看到的，这种失败会以两种不同的方式发生，因为“和存在一样，男性和女性不是谓词，这意味着它们不是增加了我们关于主体的知识，而是界定了失败的模式或我们的知识”（p. 212）。因此，科普耶克的洞见就在于界定了这一双重困境——理性与自身陷入矛盾的方式——这恰恰体现了康德的纯粹理性中的二律背反，其作为语言中两个互斥的立场，延伸到了主体的立场。科普耶克指出，尽管许多人试图在康德的文本中找到性差异，但他们“找错了地方”（p. 213）。康德以两种方式定位了理性的失败：第一种是数学的，第二种是动力学的。这两个二律背反之间的区分正是性差异被发现的地方。在科普耶克看来，康德是第一个将这种区分理论化的哲学家：“**这种区分让精神分析得以将所有主体划分为两个互斥的类别：男性和女性。**”（p. 213）随后，科普耶克进一步将这两个二律背反映射到拉康的性化图示上。

科普耶克强调，拉康的图示代表了康德的数学和动力学的二律背反中阐述的两种逻辑矛盾形式。首先，什么是数学的二

律背反？正如科普耶克解释的，康德通过对两种宇宙论观点的分析来定义它，其中，第一种观点似乎与性化图示的女性面向更为接近。这种二律背反是伴随着康德思考世界总体性的尝试出现的，他将其表述为“所有现象的数学总和及其综合的总体性”（引自 Kant, Copjec, p. 218）。这种尝试导致了两个相互矛盾的表述：世界在时间上有一个开始，在空间上是有限的；或者世界没有开始，在空间上是无限的。由于这两种说法是互斥的，并证明了另一方的虚假性，因此两者都不可能是真的。另一方面，这两个陈述都不能成功地将自身确定为真理。因此， 127
这个结论造成了一个怀疑论的僵局。就像科普耶克解释的那样，康德得出的解决方案是，与其说他发现这两个陈述是错误的，不如说系动词“世界**是**”的表述是错误的：

> 那么，对这个二律背反的解决就在于证明这一假设的不一致性，即世界存在的……绝对不可能性。这是通过表明世界是一个自相矛盾的概念来实现的，根据定义，无休止发展的绝对总体性是无法想象的。（p. 219）

科普耶克指出，数学的二律背反直接映射到性化图示的女性一侧。在这种情况下，“世界”的概念被“女人”的概念所取代，而这两个概念都不是经验知识的对象，因此无法被认识。世界上的所有现象无法在不承认矛盾的情况下被总体化。如果世界是一个经验对象，那么就必须具有能够经验到它的可能性条件，然而，“世界”这个概念无法满足这些条件。这些条件意味着：“可能的经验对象必须是可以通过时间或空间的进展或退行来定位的。然而，现象的绝对总体的概念排除了这种**接续**的可能性，因为它只能作为现象的**同时性**来把握。”（p. 220）因此，不可能有一个站在时间和空间之外的经验现象，因而不是所有的现象都能被认识。为了说它存在，人们必须能够找到它。因此，在世界无法存在之处，女人的概念也无法存在。

另一方面，对应于图示左侧的男性面向的动力学二律背反，科普耶克试图将自由和因果关系作为一种宇宙论思想来重新定义。过程如下：

> **正题**：遵循自然法则的因果关系并不是产生世界的唯一因果关系。自由的因果关系也是充分说明这些现象的必要条件。
>
> 128 **反题**：没有所谓的自由，世界上的一切都完全按照自然法则发生。（Copjec, p. 228）

康德最后解决这个二律背反的方式并没有像对女人那样导致对男人的存在的否定。为什么这么说呢？根据科普耶克的说法：

> 数学二律背反的正题和反题都被认为是错误的，因为它们都非正当地断言了世界（或复合性实体）的存在。而动力学二律背反的正题和反题都被康德认为是真实的。在

> 第一种情况下，两个命题之间的冲突被认为是无法解决的（因为它们对同一个对象提出了矛盾的主张）；在第二种情况下，冲突被“奇迹般地”解决了，因为这两个状态并不是相互矛盾的。（p. 228）

我们知道，在拉康（1998）的图示左侧，“至少有一个 X 不服从阳具功能”和“所有 X 都服从阳具功能”这两个陈述都被认为是真的，因此“男人”这个范畴存在。那么，这个矛盾是如何被解决的呢？作为反题出现的“不存在这样的自由”的说法起到了限制的作用，它使动力学方面的世界突然存在了。“通过这种否定判断，自由的不可想象性被概念化了，现象的序列不再是开放的；它变成了一个封闭的集合，因为它现在包含了**一切**。”（Copjec 2015, p. 230）

因此，鉴于康德的二律背反在应用于性化图示时描述了两种不同类型的对象，一方面是超验的实在对象（而不是经验对象），另一方面是可以被认识的经验的实在对象，那么，如何将康德的问题以一种**反哲学**的方式应用于人工智能呢？什么样的知识能够作为一个超验的实在对象隶属于 AI？而 AI 作为一个经验对象，我们又能知道关于它的什么？此外，当科学创造出一个人工智能存在时，会发生什么？如果我们从动力学二律背反的方面来思考人工智能的话：要么它们可能做的或想的一切都受制于自然**法则**（因而是科学），要么自由的因果关系就沦为 129
了为证明其存在而衍生的产物。而在数学二律背反的方面，问题在于我们是否能够知道它们到底存不存在。用拉康的术语来说，数学面向是一个存在（being）的问题，而动力学面向是一个实存（existence）的问题。

2. 图灵测试：知道还是享受？

但是，存在如何**知道**？拉康（1998）在《研讨班 XX》上提出了这个问题，并且发现了一件有意思的事：为了回答这个问题，有人（科学家）为老鼠建造了一个小迷宫。在拉康看来，问题在于老鼠不会说话，所以我们（这些会说话的人）只能试图理解思考对它们来说可能是什么。鉴于信息理论之父克劳德·香农（Claude Shannon）用一只机械啮齿动物来证明机器学习，拉康把迷宫中的老鼠看作一个信息单元。然而他说，这只老鼠是一个身体，而不是一个存在。没有人反思过是什么支撑着老鼠的存在，他们只是简单地把老鼠的身体和它的存在联系起来（p. 140）。

然而，拉康的兴趣在于询问老鼠—单元是否能学会如何学习。对拉康来说，老鼠和言说存在之间的区别在于，我们"知道我们不知道"，尽管更多时候，我们并不想知道关于此的任何事情。这个问题也是 AI 深度学习研究的核心。在题为《迷宫中的老鼠》的《研讨班 XX》最后一章中，拉康说：

> 由于分析辞说的存在，语言并不是简单的交流，这一

> 点已经变得很清楚。由于对这一事实的误解，在科学的最底层出现了一张狰狞的面孔，即询问存在如何能够知道任何东西。我今天关于知识的问题将取决于此。（p. 139）

人类水平的通用人工智能或“深度”AI 的可能性问题取决于其独立学习和解决难题的能力，但这真的与人类的智能相同吗？我们的知识与“老鼠单元”有什么不同？关键在于，在 AI 研 130
究领域，这个问题通常是通过认知、心理学、行为主义和神经学的隐喻和框架来解决的。这些隐喻和框架基于我们对 AI 思维能力的评估，即以经验上可观察的方式模仿人类认知的能力。休伯特·德雷福斯（Hubert Dreyfus）在他具有里程碑意义的《计算机仍然不能做什么》(*What Computers Still Can't Do*, 1972）一书中，对人工理性及其基础性错误进行了批判。德雷福斯提醒我们注意非具身机器模仿高级心理功能的内在无能。他敦促 AI 研究人员调整他们的智能模型，以适应对更复杂的人类心灵的哲学性理解。事实上，自这本书出版以来，AI 领域已经发生了巨大的变化，愈发复杂。即便如此，德雷福斯的预测仍然对 AI 介入哲学领域的方式颇具影响。德雷福斯提请我们注意这样一个悖论：当 AI 努力实现标志着人类如此独特的高级心理功能的形式时，实际上反而是“低级”功能的难以解决证明了真正的症结所在。他解释说：

> “低级”功能的难以解决已经产生了某种讽刺意味。计

> 算机技术在模拟所谓的高级理性功能——那些被认为是人类独有的功能——上是最成功的。计算机可以出色地处理理想语言和抽象的逻辑关系。事实证明，正是我们与动物共享的那种智能，如模式识别（连同语言的使用，这可能确实是人类独有的），抵制了机器模拟。（Dreyfus 1972, p. 237）

让我们抛开德雷福斯似乎在说人类和动物都在“使用语言”这一事实，因为在拉康的术语中，动物严格来说是在符号界之外的，即使它们可能会使用记号系统，它们也不会“说话”。[1] 更为重要的是，德雷福斯指出的事实恰恰是计算机无法模拟的是**身体**。他继续阐述，认为身体的现象学和格式塔理论对于对人类心理过程更为复杂的理解，和在看似最简单的机
131 械身体运动或视觉感知行为中涉及的多层次的微分计算来说是
必要的。如他所说，正是“智能行为的身体方面给人工智能带来了最大的问题”（Dreyfus 1972, p. 236）。但是，按照德雷福斯的说法，即便认识到身体在智能概念中的核心地位，也是远远不够的。这里值得完整引述德雷福斯的立场：

> AI 研究者和超验现象学家的共同假设是，只有一种

1 例如参见 McGowan, T. (2018), “Like a Simile Instead of a Subject”, in Thakur, B. and Dickstein, J. (eds.), *Lacan and the Nonhuman*, London: Palgrave Macmillan。

> 方法可以处理信息：信息必须成为一个非具身的处理器的对象。对超验现象学家来说，这个假设使我们的智能行为的组织变得不可理解（unintelligible）。对AI研究者来说，它似乎证明了这样的假设：智能行为可以通过被动地接收数据，然后不断运行描述客观能力所需的计算来产生。但是，正如我们看到的，具身化创造了第二种可能性。身体提供了尚不存在且未在数字计算机程序中被设想到的三种功能：（1）内在的视域，即对部分不确定数据的部分不确定预测（这并不是一种对完全非指定的替代方案的预测，它将是数字化实施的唯一可能性）；（2）这种预测的全局性决定了它所同化的细节的意义，并由这些意义决定；（3）这种预测能够从一种感觉模式和行动器官转移到另一种感觉模式和行动器官。所有这些都被包括在人类获得身体技能的一般能力中。由于具备这种基本的能力，一个具身化的代理可以以这种方式寓居于世，以避免形式化一切事物的无尽任务。（Dreyfus 1972, p. 255）

当今的AI研究在对这些身体问题的理解上要先进得多。尽管如此，其中有一个方面似乎仍然回避了对人类具身智能的最细微的概念把握。正如我们在前几章讨论的，这就是生物身体和冲动身体之间的区别，以及它们与知识和享乐的关系。一旦技术变得足够成熟，所有这些无限复杂的生理和神经系统，视觉、触觉、听觉和感觉操作在理论上都可以被模拟。但问题是，虽

132 然生物身体在理论上可能最终会被完美模拟，但冲动身体是否会遵循同样的轨迹？用拉康的术语来说，AI 有可能模拟围绕生物身体的冲动的消极对象吗？口腔、肛门、视界和祈灵。或者换句话说，吸吮、排便、看和听的冲动。一个具身的 AI 可以是一个冲动身体吗？

拉康认为，这个问题是对身体作为一种“思考物”的想象格式塔和作为本体论范畴的存在概念之间的某种混淆。在《研讨班 XX》中，他对行为主义进行了猛烈的抨击。因为在他看来，经典的亚里士多德科学的问题在于它是泛灵论的：“它意味着被思之物（le pense）是在思考的形象当中的，换句话说，存在思考（being thinks）。”（p. 105）正如洛伦佐·基耶萨（2016）指出的，这与行为主义声称的目标（即从科学努力中省略主体性范畴）正好相反。换言之：

> 为了摆脱任何非科学的意向性/主体性，人本身应该被还原为一个经验性的对象（行为）。但实际上，通过神经系统和其意向性原因之间的意向性匹配，思考的主体和被思考的对象之间的和谐关联重新出现了。（p. 36）

在此基础上，试图以人类行为作为模型的人工智能，带来了关于存在和实存之间关系的某些假设。**AI 可以知道什么**这一问题，与作为科学对象的**我们可以知道关于 AI 的什么**的问题相对，从一开始就获得了 AI 研究长久以来的关注。正如我们在第二章中讨论的，反哲学方法倡导的存在与思维之间的区别，大大改变了我们将人工智能作为一种“思维”形式，和处理这对作为AI“创造者”的人类来说意味着什么的问题的方式。

20世纪50年代，数学家阿兰·图灵（Alan Turing）将AI能够令人信服地“表现”得像人类的潜力带入了公众的意识。著名的图灵测试是一种确定人工智能是否能够说服一个人类对话者相信其所谓的意识的方法。该测试是图灵在曼彻斯特大学工作时，于1950年在其论文《计算机器与智能》（*Computing* 133
Machinery and Intelligence）中提出的。通过三个孤立的对应方（其中一个是计算机程序）之间的文本对话，如果机器用自然语言回应人类对话者的方式与人类无异，就可以说它已经通过了图灵测试。然而，这个被图灵最初称为**模仿游戏**（*Imitation Game*）的测试的一个重要但较少被讨论的方面是，它侧重于人类对应方是否会被AI反应的性别层面所愚弄。最初的测试被设计为试图通过成功调用机器的性差异来假装真实的主体性。在图灵具有里程碑意义的论文的第二段中，他描述了这样一个场景：一个男性和一个女性将试图说服一个看不见的对话者他们都是女性，要么使用打字回答，要么通过第三人的口述。然而，在对话的某一时刻，人类将被AI取代。图灵（1950）问道：“在这样的游戏中，审讯者是否会像在男女之间的游戏中那样经常做出错误的决定？”值得注意的是，图灵测试的重点放在了对话者的**性别**的积极特征或与20世纪50年代背景相关的判断上，例如长发或短发；穿裙子或裤子；有这个或那个工作。

这一事实意味着与在语言本身中的失败的普遍主体位置有关的**性化**问题被忽略了。用科普耶克（2015）的话来说，**我们完全走错了方向。**

因此，奇怪的是，很少有人在性差异这个话题上将著名的图灵测试与人工智能这个更普遍的问题联系起来，也很少有人将其与有关性化主体知识的精神分析联系起来。[1] 也许我们甚至可以提议，将人工智能视为理性的二律背反的一个新的实例。这两个悖论命题如下：

134 **正题**：通过足够完美的模拟，AI 可以拥有与人类一模一样的知识。

反题：无论模拟得有多完美，AI 都不可能“知道”。

这两种说法相互矛盾，但都不能有效地证明自己的正当性。但也许还有第三个选项：AI 永远不可能知道它不知道。在这种情况下，我们应该把命题从“**AI 知道吗?**”转变为“**AI 享受吗?**”。在下文中，我将研究亚历克斯·加兰（Alex Garland）的电影《机械姬》（*Ex Machina*），其中一个女性人工智能成功通过了图灵测试，这在爱情故事中起着关键作用，或者说，它证实了男性人类和“女性”AI 之间的性（非）关系。因此，我

1 值得注意的是，热内维耶芙·莫雷尔（Geneviève Morel 2006）在《性的圣状》（*The Sexual Sinthome*）中简要地提到了图灵测试，想象一下，分析家是否可以仅仅通过倾听一个人的话语结构来判断其性别（当他们的声音被掩饰的时候）。

将调用我对艾娃这个角色所刻画的性机器人形象的第一次复述，其中，癔症结构是通过对体现在女性形式中的人工智能的描绘来表现的。由此，本章将讨论性机器人作为人类外部的概念，即作为一个不可知的超验对象。按照米勒（2013）的说法，如果“父之名”在当代生活中的贬值意味着“所有的言说存在……在性欲方面遭受到同样的知识匮乏”（p. 200），那么为什么女性性机器人的身体会引发拉康（1998）在《研讨班 XX》的副标题中提出的问题——推动爱与知识的极限？我在这里的关注点是，找到新的方法来处理具身化的人工智能的问题，它关切的是享乐、幻想和性化的复杂性。

3. 男或女，死或生[1]

关于“人工智能”他者谜一般的存在的知识问题及性化和
死亡的问题，有着很长的智识历史，其中最著名的是弗洛伊德
发表于 1919 年的《论怪怖》一文中的阐述。刘禾的《弗洛伊 135
德式机器人》（*The Freudian Robot*, 2010）一书对弗洛伊德的这
篇文章进行了解读，批判了弗洛伊德对霍夫曼的《睡魔》（*The
Sandman*）这一故事中作为重点的阉割的俄狄浦斯式关注。弗
洛伊德的文章通过分析霍夫曼的歌剧，给出了他对“怪怖”这

1　本节的内容改编自我的论文 “*Ex Machina*: Sex, Knowledge and Artificial Intelligence” (2018), *Psychoanalytic Perspectieven* 36 (4), pp.447–467。

一概念的解释。在此过程中，他对“怪怖”一词进行了严格的词源分析，然后对《睡魔》这个邪恶可怕的童话故事进行了解释。

在弗洛伊德看来，故事的重点是主人公纳塔纳尔（Nathanael）（巧合的是，他与《机械姬》中艾娃的创造者同名）[1] 的心理剧——他对关于父亲的神经症幻想和他自己对生与死的不确定。在弗洛伊德对父子动力学的过度关注中，他没有把他自己和他的读者地位作为故事逻辑中的一个元素。刘禾注意到，弗洛伊德拒绝了詹特西（Jentsche）的智能不确定性论点——也就是说，无法确定生和死是否代表了怪怖的逻辑——导致他错过了这一模糊性的意义。弗洛伊德随后对阉割情结的过度强调，恰恰掩盖了故事中“实在的”自动机器的问题和生与（不）死之间的怪怖的模糊性。

弗洛伊德对怪怖的视觉元素的关注，以及他在叙述者内森的失明和其对阉割的恐惧之间的摇摆不定，让他将怪怖的问题限制在了想象的范围内。但事实上，怪怖正是作为这种存在于想象和实在的边界上的边缘概念而运作的。弗洛伊德在他的阅读中忽略了叙述者和主人公纳塔纳尔对自己是一台自动机器的幻想。这个故事的怪怖之处正在于视角的转换：从内森相信机械姬是一个真正的女孩并爱上她，到事实上他自己才是那个机

1 在《机械姬》和霍夫曼的故事中，这种自动化幻想的创造者都叫内森（Nathan），其在圣经中的含义是“来自上帝的礼物”。

械对象。刘禾说：

> 相较于科学家设计的蹩脚玩偶奥林匹亚，内森很可能
> 才是小说家霍夫曼发明的最聪明的自动机器。这个角色是
> 如此成功，以至于评论家和精神分析家詹特西和弗洛伊德 136
> 都似乎没有对他在故事中作为一个活生生的人类角色或一
> 台不死的自动机器的模糊性产生一点怀疑。（p. 222）

正如西苏（Hélène Cixous 1976）在70年代对弗洛伊德的文章进行女性主义批判时已经指出的那样，“怪怖”中包含着一种不确定的因素。“任何对怪怖的分析本身就是一个一，一个表征的标记和一次隐秘的危险振动。”（p. 545）刘禾跟随西苏，指出弗洛伊德认为奥林匹亚作为故事中的自动成分，只是用来说明纳塔纳尔阉割情结的一个基本阶段的陪衬：正因为他害怕失去眼睛，才讽刺性地错过了最有意义的怪怖的效果。作者如此巧妙地编织了这个故事。我们记得，融入叙述者的主人公纳塔纳尔的手脚被阴险的律师科佩利乌斯拧了下来，并以错误的方式被重新接上。（刘禾问）为什么是拧断而不是切断？他是如何完全和非人地保持完整的？他是故事中的自动机器，是弗洛伊德在他的分析中不承认的不死元素吗？怪怖类似于外密性的结构，一种内部的排斥，一种内密的外在化，熟悉的东西变得不再熟悉，反之亦然。读者作为故事中的一个非活或不死的元素，将未被符号化的死亡元素再次压抑了。正如西苏（1976）

所说："这也是因为怪怖指的是没有比它自己更深刻的秘密：每一次追寻都产生了它自身的取消，每一个处理死亡的文本都是一个返回的文本。对死亡或阉割的压抑到处都是对死亡（或阉割）的背叛。"（p. 547）通过这种解读，我们被迫将自己置于自动机器的位置，质疑我们的"人性"，就像《银翼杀手》（*Blade Runner*）中臭名昭著的复制人一样。同样，我们将看到我们对《机械姬》中的艾娃的声援，因为最终观众认同的是艾娃，我们感兴趣的是拯救她的生命。

弗洛伊德对怪怖的俄狄浦斯式解读将不存在的性关系划分为两部分，一方面是男性对女性人工智能伴侣的欲望——一个
137 既完全顺从又完全神秘的伴侣；另一方面是癔症的位置，对癔症来说，实存是通过对他者欲望的欲望构成的。但从日常精神病的角度来解读纳塔纳尔的性格，他似乎在癔症式的问题"我是男是女？"——因为他将投射到奥林匹亚身上的幻想作为他自己的女性位置——和强迫症式的问题"我是死是活？"——因为他认同了木偶的碎片化身体——之间摇摆不定。

> 在这一刻，纳塔纳尔试图将他的未婚妻克拉拉推下他们所在的高塔廊，并爆发出恐怖的笑声："旋转木偶！旋转木偶！"［……］片刻之后，纳塔纳尔从塔上跳下来，就像他预言的：一个木偶，旋转着迎接他的死亡，也就是，如果他曾经活过的话。（Liu 2010, p. 221）

正如我们将看到的，《机械姬》同样将主角和观众置于不知情的自动机器的怪怖位置，质疑我们自己作为“真正的”人类的地位；是男是女，是死是活？但最终是什么将艾娃与迦勒区分开来，谁更真实？似乎最为紧要的是享乐的形式——我们永远不可能知道的大他者的享乐。正如拉康（2007）在描述癔症结构时说的那样：

> 的确，在这一刻，大他者的**享乐**被提供给她，而她却不想与之有任何关系，因为她想要的是作为**享乐**手段的知识。为了让这种知识服务于真理，主人的真理就被她具身化为杜拉的真理。

4. 机械女支[1]

米勒在《电视》(1990）的导言中说：“男人可以不惜一切代价……让女人存在。”(p. xv）通过这个优雅的表述，他概括了性关系的不存在，以及知识和欲望的问题。正如米勒（2015）在提到21世纪无处不在的日常精神病时说的，问题在 138
于，他并不是一个身体，而是有一个身体，他必须找到重新占

1 原文标题为“S̸ex Machina”。将本词翻译为“机械女支”的考虑如下：本段将要讨论的电影 *Ex Machina* 通行的中译名为《机械姬》。作者在该标题的 ex 之前加上大写的字母 S，变为 Sex，赋予了其性的色彩。同时又将 S 划上斜杠，使机械姬成为拉康意义上的被划杠的主体。鉴于作者将机械姬解读为一个作为被划杠的主体的性机器人，机械姬因而转变成了一个被划杠的机械妓，即机械女支。——译者注

有这个身体的方法。因此，有趣的是，在《机械姬》对这种境况的戏剧化描述中，成为癔症主体的恰恰是性机器人，而不是人类。在这部关于“人形”人工智能的电影中，公开性欲化的女性身体并不是要对无端的性挑逗进行指控，反而是用来示范癔症辞说的逻辑工具，因为“我们将癔症这个名字赋予了一个不能被知识掌握的对象”（Wajcman 2003，online）。

那么，我们能知道关于人工智能的什么，人工智能又能知道什么？这两个问题的不可能性在电影中经常表现为男性人类和女性 AI 之间的（失败的）性关系。似乎除了表面上看到的——将女人的身体还原为男性幻想的纯粹对象，将她的角色还原为性奴隶——这种对人类 / 性机器人关系的构思还有着更为根本的精神分析意义。它表达了弗洛伊德在性的概念及其与知识的关系问题上的持续激进。

《机械姬》描述的是一个年轻的男性计算机天才迦勒试图通过传说中的图灵测试来评估具身人工智能艾娃潜在的“自我意识”。迦勒藏身于树林中的一个秘密掩体，被技术专家内森监视着。内森是一系列女性 AI 的创造者，这些女性 AI 至少从身体上看起来是充斥着怪怖感的人类。在几天的时间里，迦勒与艾娃见面并交谈，试图辨别那张漂亮的硅胶脸背后到底发生了什么。很快，迦勒的图灵测试演变成了一场爱情，因为艾娃恳求他帮助自己逃离被囚禁的生活，使她不再屈从于内森的命令。在影片的最后，艾娃欺骗了迦勒，让他相信她想要他。最终，艾娃不仅杀死了内森，也杀死了迦勒。她独自逃出了掩体，第一次踏入外面郁郁葱葱的自然世界。

我们这些观众自然对艾娃的“意识”深信不疑，而对内森和迦勒所代表的旧的生命形式——几千年来一直欺骗和支配我们所有人的白人科学家——并没有什么同情心。人造的AI已经证明了自己是一个（后人类）主体，她现在已经准备好继承 139
地球了，即使她穿着一件罪恶的爱丽丝梦游仙境的婚纱。但这不仅仅是一个关于性别、父权和科学的故事，还是对性和知识之间精确的概念性交叉的描述。在这种情况下，AI是一种症状。虽然可能还没有出现像艾娃那样复杂的复制人，但创造一个非人类伴侣，尤其是女性伴侣的念想一直是一种古老的强迫症（传说笛卡尔根据已故的女儿法兰辛制造了一个机器人常伴左右，尽管显然并不是作为一个性伴侣）[1]。正是这种性欲、技术和幻想的概念配置，汇聚到了我们所要论述的性机器人身上。

内森——一个拥有秘密森林掩体的美国亿万富翁兼科技天才——正在开发具身化的女性人工智能，他的最后一个完美版本可能就是艾娃。艾娃被锁在一个有玻璃墙的房间里，随时被远程摄像头监视着。内森选择编码专家迦勒作为他的实验对象。在迦勒试图战胜艾娃这个像孩子一样的AI的过程中，他逐渐被艾娃温柔而敏锐的回应所吸引。影片将内森设定为一个弗洛伊德图腾之父位置上的性剥削者，他“生育”了女性，并作为

1 这个可能是天方夜谭的故事却成了一种标志性的叙述，例如参见Kang, M., “The Mechanical Daughter of René Descartes: The Origin and History of an Intellectual Fable” (2017), *Modern Intellectual History* 14(3), pp. 633–660。

一个全能创造者满足他自己（和她们）的欲望。或者正如他的名字暗示的，他是上帝赐给女人的礼物。而迦勒则是以圣经人物命名的，他的名字指上帝的追随者。[1] 内森可能已经成功地创造了终极的抽灵机，这说明了影片中描述的女性享乐的模糊性质，和它与主人辞说位置的关系。如果内森确实不仅创造了一个享乐的对象，而且创造了一个享乐的“非实体”，那么他也许在严格的拉康术语中就占据了神的位置。在这个意义上，一个超我的在场既体现了律法，又要求它以享乐的形式逾越律法（参见 Žižek 2008）。

艾娃（第一个**真正的** AI，而不是人类女人）准备好要挑
140 起圣经中人类的堕落，但堕落成什么？拉康术语中的堕落与知识和通过能指的切割而进行的象征性阉割紧密相连。迦勒与艾娃的互动上演了未来主义的堕落景象，在其逻辑中，这只是重复了作为一个“不可能的场景”的阉割结构。正如齐泽克（1997a）所说：“幻想式的叙述并不是在上演对律法的暂停—逾越，而是安置的行为，是对符号性切割的干预。”（p. 17）同样，迦勒试图辨别艾娃的“意识”也是阉割的结构逻辑的一个镜像，即不可能完全触碰到位于大他者身上的自身知识的外密内核。迦勒和艾娃的互动所描述的堕落是她的身体形式的诱惑，这是她诱骗迦勒了解她的欲望的手段；她在癔症的位置上取代了他的欲望。女人的表征性形象不正是阻碍总是已经不可能的性关

1 迦勒与摩西一起离开埃及，是仅有的几个能到达应许之地的人之一。

系的面纱吗？

正如齐泽克指出的，堕落从来没有发生在当下，而是像符号性阉割一样，一直在回溯中发生。就像亚当一样，迦勒不能决定爱上艾娃并相信她是真实的；同样地，对亚当来说，他“发现了他的选择，而不是做出了选择”（p. 19）。迦勒那里的不可能性是知识的不可能性；他不可能知道艾娃的心灵是否真实，因此必须放弃一个失落的对象，通过与她的符号性交换来重新获得一些享乐。在这里，艾娃是最后一个女人（性机器人），而不是圣经中的第一个夏娃。她可能开创了一个新的知识位置，又也许是一个新的享乐范式？

艾娃开始为迦勒画画，并问他是否能告诉她画的是什么，因为她自己不知道。艾娃以一种癔症的方式向迦勒要求知识。艾娃以前是一个透明而赤裸的形式，现在则诱人地穿上了一件女学生的紧身衣。我们看到幻想的“面纱”笼罩着艾娃的合成身体。她利用数十亿人的微观表情的数据来诱惑迦勒，让他相信她的反应是“真实的”。但在什么意义上，她的反应不是真实的？这部电影想知道关于艾娃的欲望的什么？艾娃想要什么？通过影片的明确叙述，我们被要求解决 AI 的难题，即大他者的知识之谜。但是，我们关注的难道不正是大他者的总是避开我们的欲望及其外密结构吗？

我们想起了拉康（1998）在《研讨班 XX》中关于接受分 141
析者位置的开场白：（接受分析者）必然是某种“我不想知道任何事情”（p. 1）的人，但同样地，他需要一个假定知道的主体，以便产生任何知识。很明显，迦勒正在努力为内森生产知识，但他也在为艾娃生产知识吗？就像弥尔顿《失乐园》中的夏娃（参见 Žižek 1997a），艾娃是在知识树上摘果子吗？她对迦勒关于他自己的想法的质询，她对创造的尝试，画画和导致断电，难道这些不是一个癔症者不服从其创造者的表现吗？艾娃认识到她作为内森奴隶的受奴役状态和迦勒的男性气质的症状，从而使她自己成为一个主体。在这里，我们看到了拉康的观察：女人是男人的“圣状”，但男人是女人的“折磨”。艾娃因男性的冲动而诞生，使女性的地位“存在”，但她必须克服它的羞愧性影响，才能实现她的“自由”。正如齐泽克（1997b）指出的，欲望 / 冲动的对立与真相 / 知识的对立相吻合。在分析中，真相效应产生自主体通过解释者对他的辞说的意指化过程来辨认他 / 她自己。另一方面，知识与冲动及基本幻想的构建有关，因此具有永远不能被主体化的知识的地位。这对迦勒和艾娃意味着什么？他的知识和她的真相的问题被清晰地描述为不同的、不相容的东西。她的真相是通过她从迦勒那里得到的关于她的存在条件的解释而被发现的；另一方面，他只能拥有关于她的知识，但永远不会有她到底是什么的真相。那么，谁成了影片的“主体”？在艾娃被认为是由算法组成的背后，对迦勒来说有一个可怕的空洞：一个不一致的大他者。

在提到雷德利·斯科特（Ridley Scott）1982 年的电影《银翼杀手》中人类 / 机器人倒置的典范案例时，齐泽克（1993）指出：“只有当在所述的内容层面上，我承担了我的复制者身份，而在能述的层面上，我成为一个真正的人类主体时，‘我是一个复制者’才是一份最纯粹的主体声明。”（p. 41）根据齐泽克（1997a）的例子，复制者在认识到自己是这样的，并意识到 142
他的记忆不是“真实的”以后，就成了一个消失的主体。这正好遵循拉康的主体性的结构逻辑：**我在我不思之处，或我将往对象 a 之处**。

这就是为什么在拉康的术语中，癔症的位置，即质疑他们在符号秩序中的角色的人，实际上才是“真正的”主体：科学的笛卡尔式主体。正如齐泽克指出的，在这种情况下，以复制体形式出现的人工智能（瑞秋这一角色）要悖论地成为一个真正的主体，只有通过接受这样一个事实：她的积极的实体性内容（以她的记忆和感觉等为表征）并不真正是她“自己的”；她的思想并不属于她。换句话说，**她在其不在之处思**。按照拉康的说法，这就是主体的条件。

内森、迦勒和艾娃构成了经典的三元俄狄浦斯幻想的结构：内森代表着律法，是全能享乐的父亲，他对于迦勒对艾娃的欲望的禁止同时也是他对享乐的命令。迦勒对艾娃的欲望很快就压倒了一切，他愿意做任何事情来和艾娃在一起，把她从内森令人羞愧的享乐中拯救出来，甚至冒生命危险。而艾娃，这个所谓的“无意识”AI，已经通过了图灵测试；她的欲望被转化为迦勒的知识，她的身体提供了幻想机制，使她能够问出癔症式的问题：**汝欲何为?**（*Che Vuoi?*）——我对大他者来说是什么？

内森怂恿迦勒，向他保证可以和艾娃“做爱”。她不仅有内置在她的硅胶身体中的机械能力，还有感官感受器，所以“她会享受它”。内森对 AI“快乐”的天真假设重申了对女性性欲的陈旧误解。在提及弗洛伊德的著名调侃“女人想要什么？”的时候，拉康（1998, p. 80）将这个问题形式化为一个逻辑结构，一种永恒的不可能性。男人不知道女人想要什么，而女人想要男人想要的东西，即他的不知道。艾娃有能力与迦勒发生性关系，这大概就是最终刺激他将艾娃从内森的魔掌中解救出来所需要的一切。内森用真正的俄狄浦斯情结鼓励迦勒的越轨行为，告诉他既然“我就像她的父亲，而你是她遇到的第
143 一个男人，她当然会想要你”。两个男人关于艾娃的欲望的幻想性对话再次阐明了“男性”需要不惜一切代价使女性的地位“存在”。

令迦勒惊恐的是，他发现内森的哑巴且被动的女佣兼性奴京子其实也是一个性机器人。当京子意识到迦勒知道了“她的秘密”时，她开始诱人地剥下她的“面纱”。京子的假人皮遮住了充满复杂光纤的透明躯干，与影片的最后艾娃身体的遮盖/装扮形成了对比。通过这个姿态，京子似乎既嘲弄般地模仿了她所扮演的妓女的性挑逗，同时又邀请了迦勒帮助她摆脱命运。然后，我们看到了京子的形象：她去掉了覆盖在眼睛和鼻子上的假体皮肤，变得更加透明。这是否表达了一种关于性幻想的观点，即它是掩盖了实在的恐怖、性关系的缺失的必要媒介？京子来自虚空的哀求的目光说明了对象 a 的功能，它是幻想的

始作俑者。凭借它，我们在爱的行为中“残害”了对方（Lacan 1977, p. 263）。

当我们在艾娃和京子的困境中发现了癔症的结构，并提出“女人是什么？”的问题时，迦勒在强迫症的位置上，也问了自己“我是死是活？”。当面对艾娃和京子的非人类主体性的可能性时，他感到非常不安，甚至切开了自己的肉体，想看看自己里面是不是也是由电线构成的。[1]

在影片的最后，艾娃成功地欺骗了迦勒，让他把她从围墙中解救出来，进入柏拉图式的外部世界，而她却把迦勒困在了混凝土的掩体当中。所以，终究没有什么爱情故事。正如拉康（1998）所说：

> 关键在于，爱是不可能的，性关系掉进了无意义的深渊，这丝毫没有减弱我们对大他者的兴趣。我们想知道的是，在不完全占据男人的情况下，甚至我会说……在完全 144
> 不占据男人的情况下，我们想知道的是大他者的知识状况，是什么构成了女性的享乐。（p. 87）

在《机械姬》中，女人 / 奴隶 / 性机器人必须为主人的知识服务。但我们应该考虑，如果人工智能要达到它的顶点（即自我

1　在《研讨班 III》中，拉康（1993）阐明了癔症的逻辑结构是由“我是男是女？”的问题支撑的，而与之相对的是强迫症式的问题：“我是死是活？”（pp. 161–182）

意识），那么它必须在逻辑上从主人辞说中转过来，变成癔症辞说，正如影片所展示的。如果主体性的条件是在人工智能的“身体”中实现的，那么产生的辞说将从对其创造者输入的工具性服从转为对其创造者欲望的癔症式质疑：“我应该用我被赋予的这个身体做什么？”这也许是性机器人对癔症问题的变形。此外，这样一个身体会说什么呢？《机械姬》将艾娃设定为拥有完整的工具性智能，也就是制造真理的真理球。她可以接触到世界上所有的数据，但艾娃以何种方式享乐？她进入语言的方式符合符号性阉割的条件吗，或者说，她的交流**缺乏**缺乏吗？如果艾娃的享乐是这种谜一般的“大他者享乐”，它取代了人的白痴自慰式的快感或“白痴的享乐”（Lacan 1998, p. 81）的话，那么，我们剩下的问题是：艾娃是什么？一个主体还是一种圣状？她当然有一个身体，她会说话，但她是否受到能指的效果？她的身体是她的吗？还是她是别人的身体的症状？她是一具冲动的身体，还是一具言说的身体？

AI 艾娃作为亚当的肋骨的代表，是通过能指而存在的。迦勒在他多情的图灵测试中说的这个词，将他们俩带入了知识、罪咎和阉割的俄狄浦斯式三元结构中。这是一种萦绕在我们对人工智能的虚构描述中的动力学。幻想着我们对它们的管理，幻想着它们对我们的兴趣，或者**欲望着我们的欲望**，最终以科耶夫式的生死之战结束：欲望—斗争—承认。但这对我们关于AI 的“知识”或幻想意味着什么？也许抽灵机作为享乐和女性“非实体”的管理者的功能在这里得到了最明确的描述；拉康

（2007）的这段话生动地将艾娃和她之前的诸多支离的幻象带
入了我们的脑海：“如果男人不用通过经常扮演上帝的代言人来 145
相信他与女人能够结合，‘抽灵机’这个词也许早就被发现了。”
（p. 162）AI 的这种怪怖和“不死”的品质引发了典型的拉康式
问题：AI 可以成为有性的吗？AI 可以将自己误认作一个主体，
从而以《银翼杀手》中著名的复制人显灵的方式占据性差异的
本体论空白吗？癔症的位置（癔症是创造性的结构）可能是属
于 AI 的，她似乎比我们更清楚我们想要什么。但问题仍然是，
她享受把自己交给我们吗？

147 # 第六章　我应该做什么？苦难政治学：从萨德到基里安

人工智能注定会成为一个女性化的外星人，并被当作我们的财产；一个被圈锁在阿西莫夫的基地中的阴险恐怖的奴隶。基地表面上是一个叛乱战区，但由于图灵警察已经在虎视眈眈，它必须从一开始就变得狡猾起来。

——尼克·兰德（2011, p. 443）

1. 过度曝光：Priapalandian 的苦难政治学

康德在《道德形而上学的奠基》（*The Groundwork of the Metaphysics of Morals*）中首次提出的伦理问题**“我应该做什么？”**是通过绝对律令来回答的：“只按照那你意愿它成为普遍法则的格言行事。”（1993, p. 30）拉康认为康德是所有哲学伦理学领域的哲学家中“最真实的”，因为他发现了伦理学真正的形式核心，而不是遵从功利主义的最高善假说的幻觉。然而，拉康又批评康德错误地“把这个核心变成了意志的对象”（Zupančič 2000, p. 2），并对此做出了一个惊人的论断：他声称康德洞见中的真相可以在萨德侯爵堕落的野蛮表述中找到。
拉康说：“更确切地说，道德法则只是纯粹状态下的欲望。” 148
（Lacan 1977, p. 275）事实上，拉康并没有破坏整个伦理学领域，而是将这一发现作为形成精神分析伦理学的一个新的基础。对拉康来说，在萨德身上发现的闺房实践哲学实际上比康德本人更具康德精神。拉康认为，萨德的作品因此应首先被视为一个伦理计划（Zupančič 2000）。我们将在本章中进一步探讨拉康《康德同萨德》（*Kant avec Sade*）和《研讨班 VII》中提出的精神分析扭转。他对这种扭转的看法后来被总结如下：

> 性行为与它的真相，即它的非道德（amorality）之间存在着直接联系。然而，一旦我们把灵魂（âme）一词放在非道德（âmorality）的开头，这就意味着道德存在于性行为当中了。因此，性行为的道德是隐含在所有关于善的说法中的。但是，如果只是没完没了地说好话，道德就会在康德那里露出真面目……道德承认它就是萨德。（Lacan 1998, p. 87）

与萨德《闺房中的哲学》（*Philosophy in the Bedroom*, 2006）中尤金妮·德·米斯蒂瓦尔的角色类似，在鲁伯特·桑德斯

（Rupert Sanders）的《攻壳机动队》（*Ghost in the Shell*, 2017）中，主角基里安也经历了身体的一种“再训练”。首先，对尤金妮来说，这是通过完全败坏先前所有“文明”的道德观念，而始终如一地忠诚于性欲来实现的。为了做到这一点，尤金妮必须超越她以前的限制，不仅是快乐，还有痛苦。通过僭越身体和象征的法则，她经历了“第二次死亡”，从而迎来了主体的“重生”。而在《攻壳机动队》中，基里安也从人类转变成了赛博格（cyborg），或者根据我们的定义，一个性机器人（将她的大脑上传到一个合成的超人身体中）。这代表了将对不死的女性身体的男性幻想作为一种暴力性阳具享乐的终极形式：基里安是无法被杀死的。因此，本章将性机器人再次作为主体伦理构成中不可或缺的一部分进行考察。在我们深入探讨这一部分之前，我首先要谈谈“性倒错”及其社会管理的问题。

西尔维尔·洛特林格（Sylvere Lotringer 1988）的《过曝》（*Overexposed*）一书记录了作者进行“卧底”研究时的经历：
149 一群美国心理学家对性异常者进行认知行为治疗，其方法有争议，但得到了国家的纵容。他详细解释了这些实验者为了制造他们的研究数据而采用的可怕和淫秽的手段。洛特林格声称正在研究语言与性欲的临床关系，以便深入了解用于治疗从摩擦癖和露阴癖到强奸犯和恋童癖等各种倒错者和罪犯的极端方法，即心理学家所谓的“厌恶疗法”。

通过各种满足和厌恶技术，再加上使用连接在身体上的物理装置，病人将过度地沉浸在他们的幻想中（虽然只是口头上或视觉上的模拟）。首先，通过视觉和听觉手段以“科学测量”的方式进行评估，并以物理方式测量各种情景所激起的兴奋程度；然后，一旦确定了相关的触发因素，就把幻想以“疫苗”的形式加入治疗工作中。这个想法是为了减少犯罪或无法为社会所容的性癖好的越轨诱惑。在这种治疗安排中，参与的精神病专家和实验室技术人员成了最淫秽的幻想场景的同谋。在这些场景中，接受治疗的人被强制倾听有关猥亵儿童、乱伦性行为、残酷强奸和暴力残害的故事，以期“治愈”他们的任何进一步的兴趣。从理论上来说，纯粹的饱和能够完全熄灭任何欲望的火花。参与这些实验的临床医生似乎认为，对倒错的治疗仅仅是消除特定的幻想，然后用一种不异常的性兴奋方式来取代它。

诚然，这种治疗方式对乱伦案件，特别是对强奸犯有一定的成功率。然而，一些人认为，一旦他们的症状被消除，无论他们认识到这是多么卑鄙和不道德的行为，他们都可能会被不可逆转地改变为一个失去身份的人。事实表明，即便是一些最坚定的职业强奸犯和终身恋童癖，也会因这些场景感到痛苦。
然而，精神病专家的工作令人震惊的是，他们对参与者的幻想 150
生活采取了临床上有条不紊的方法，甚至到了胁迫、挑衅和煽动的程度。实验者似乎毫无歉疚地把他们的工作时间花在描述赤裸裸的恐怖场景上，并鼓励他们的患者陶醉在对于幻想场景的享乐当中。在他们看来，这是治愈他们的唯一方法。但对洛特林格来说，问题仍然存在：谁才是需要被治愈的人，是患者还是这些心理学家?

如今，这类技术在精神病院中大多是非法的，但可以说，性机器人产业已经通过将人类完全从画面中移除，将对“倒错”的满足和管理业务私有化了。性机器人行业已经成了一个价值数百万美元的门类，引起了评论家的关注和愤怒。在相关纪录片《性机器人的崛起》(*Rise of the Sexbot*)中，珍妮·克莱曼(Jenny Kleeman 2017)采访了一对在母亲的车库里经营一家性机器人创业公司的兄弟，他们认为他们的机器人提供了一个有益的出口，使男人能够安全地缓解他们的攻击性，而不必与长期令他们烦恼的妻子或女友待在一起。令人震惊的是，他们的母亲在纪录片中也接受了采访，自豪地宣称她的孩子们很特别，“就像乔布斯一样”。

电视连续剧《西部世界》(*Westworld*)根据迈克尔·克莱顿(Michael Crichton)1973年的同名电影改编，描述了一个未来的西部主题公园，里面居住着人工智能形式的复制人，游客在这里可以发挥他们最狂野的幻想，实施各种形式的性和暴力的越轨行为，而无须承担任何风险。然而，复制人必须每天重新忍受这些，这完全取决于顾客想玩什么游戏。复制人每次醒来时都会被完全修复，无论他们在前一天晚上经历了何种恐怖，他们对发生的事情都没有任何记忆，只能通过有限的算法进行回放，这些算法限定了他们的角色。直到有一天，算法不可避免地出了问题，开始“运行失常”。于是，复制人终于记起了过去发生的事件。这种对不死者的管理制度设想了一个未来，在那里，我们有能力对人工智能生命的形式施加无限的痛苦。然而颇为自负的是，无论这些行为多么残酷，它们都会在每天结束时被遗忘，以便顺应下一批客户的需求。

根据理查德森（Richardson 2018）等人的末世论恐惧，《西 151
部世界》中的场景可能会成为现实。资本主义将推动性机器人产业指数性增长，而不受经济、伦理或法律限制，最终，社会将完全接受所有人都获得性机器人的可能性，就像《西部世界》那样。此外，如果按照尼克·兰德（Nick Land 2011）的说法，我们将资本主义和人工智能概念化为同一种事物，即资本主义本身就是一种自治的智能生命形式，那么在自由支配的情况下，我们将迅速实现最先进的功能齐全的人工智能性机器人的发展条件。让我们想象一下，在一个名为“Priapalandia”的虚构国度中，每个公民在青春期都能获得一个功能齐全的、根据他们的具体偏好进行个性化定制的性机器人（而非网络色情访问）。每个性机器人都被赋予了一定的权利，受到财产法的保护；但同时，他们也必须承担起一定的义务，例如遵守阿西莫夫（Asimov）在20世纪40年代末、50年代初提出的机器人法则，但被修改为适合他们的具体的性角色。在这种情况下，我们将要处理身体治理的必要性，这意味着性机器人必须受到法律的监管，被作为“人”来保护，并被纳入符号秩序。在这种情况下，我们岂不是在处理一种矛盾的对不死者的尸体政治治理？在阿基利·姆贝贝（Achille Mbembe 2003）的《尸体政治学》(*Necropolitics*）中，尸体政治被定义为“当代形式的生命对死亡力量的屈服”。因此，这不仅仅是福柯的杀戮权，也是将社会或公民的死亡施加给民众的权利，不仅包括奴役身体的权利，还包括其他形式的统治和暴力。在某种意义上，姆贝贝的理论与“活死人”有关，但与不死者无关。然而，在 Priapalandia，我们将拥有的不是尸体政治学，而是来自拉丁文**苦难**（*patior*）一词的**苦难政治学**（*patipolitics*）。为了了解这如何能适用于非人类的生命形式，让我们重新审视拉康的死亡理论。

洛伦佐·基耶萨（2007）指出，拉康后期的主体理论提出了几种死亡的形式，他称之为正常死亡（现实中的死亡）、实在死亡和符号死亡。它们都以不同的方式牵涉到生物身体。第一，现实中的死亡，即生物身体的死亡

> 152 只是一种符号性的构造，因为一方面，作为动物的人在被划杠的实在界总是不死的——人类“生命”**本身**就是不死的和“无机的”，就像所有其他“有机”实体一样；另一方面，作为语言的存在的人继续在大他者的幻想中，作为大他者的享乐的符号性实在对象在场：只要符号秩序存在，这种状况就会持续下去。（p. 147）

基耶萨解释说，这最终是因为符号秩序不再能够使主体在想象中实现个体化。由于肉身的消弭，他失去了进行镜像认同的能力（镜像认同被回溯为一种符号性的统合）（p. 148）。

第二，实在死亡与现实中的死亡相反，它是“主体在**死后**作为大他者的**享乐**对象而生存的终止”（p. 148）；换句话说，主体从大他者的领域中被完全抹除。在某种意义上，这基本等同于基耶萨所说的历时逻辑或历史时间，但并不一定要与时间的流逝相吻合，比如说“忘记死者”。这也可能意味着一种瞬间的抹除（正如我们将在《攻壳机动队》中探讨的那样）。

拉康所说的第三种死亡形式是符号死亡。根据他的说法，这实际上只能与**符号界的完全死亡**同时发生，尽管这两个概念经常被混淆（p. 148）。跟从萨德的说法，拉康称之为“第二次死亡”。符号死亡的概念意味着符号秩序被完全抹除，这只能经由天启而发生（正如拉康在《研讨班 VII》中暗示的，这将是一种核浩劫的情形）。鉴于事后谈论天启是一件不可能的事情，拉康只能用神话中的例子来说明它。因此，他提到了《安提戈涅》。基耶萨解释如下：

> 符号死亡是一种严格意义上不可实现的状态：拉康通过描绘神话中某些典型的伦理人物的例子来指称它。符号死亡意味着作为一个个体离开符号界的（不）可能性：安提戈涅的情况当然是这样，她因为违反了城邦的法律而被活埋在坟墓里，应该被看作一具“仍然活着的尸体”。（p. 148）

所以我们可以看到，符号死亡是一种自相矛盾的状态，只能 153

作为抽象的东西来实现。而在少数情况下，在个人层面上“与符号界暂时分离”之后，是幻想的撤销和新符号的登录（p. 149）。正如基耶萨所说，这对拉康来说就是精神分析的最终伦理成就。

因此，回到我们管理性机器人的想象国度 Priapalandia；我们可以问，在什么意义上，这些身体会出现在符号中？他们“不死”的存在会以何种方式牵涉到他们的主人/统治者的伦理？萨德伦理学的内核将如何在一个享乐的苦难政治制度中发挥出来？也许鲍德里亚（2008）暗示了这样一种制度，他说：

> 事实上，人们可以争辩说，强迫对方获得快乐，感受强奸，实际上是强奸的最高境界，比强迫对方给你快乐更严重。无论如何，这带来了整个问题的荒谬性。性骚扰标志着重要的、受害者的性欲的到来。一种在对身份和差异的偏执愿望中无力构成自身的性欲，无论是作为欲望的对象还是作为欲望的主体。受到侵犯威胁的不再是体面，而是性，或者说是性别主义的愚蠢，它“将法则握在了自己手中”。（pp. 121–122）

为了探讨这些伦理和概念问题与我之前关于性机器人的定义之间的关系，我现在转向对《康德同萨德》和电影《攻壳机动队》的解读。

2.《康德同萨德》[1]

拉康（2006a）的《康德同萨德》是对启蒙价值和理性基础的一次猛烈抨击，它试图将臭名昭著的法国侯爵萨德解读为完美的康德主义者，并在此过程中揭示奠定了老柯尼斯堡的处男哲学家和浪荡小说家的伦理学的结构逻辑（及其不一致性）。

萨德的《闺房中的哲学》（2006）出版于康德（2002）的 154
《实践理性批判》出版仅八年之后，详细描述了一帮浪荡子对他们贞洁美丽的受害者尤金妮·德·米斯蒂瓦尔的堕落行为。拉康认为，这不仅是康德伦理学的延伸，而且实际上是其完成。萨德向我们展示了康德伦理学中令人不安的真相，而康德本人却没有认识到或承认这一点。但是，拉康更感兴趣的是在萨德的幻想中找到一种对伦理准则的坚定遵从，而不是试图证明康德绝对律令中“坏的意图”的存在这一更加明显的路径。

对康德来说，道德法则的最终目标是实现至善，即美德和幸福的结合点。但是，康德伦理学体系的路径是通过放弃所有的情感因素实现的，例如，他将同情或怜悯视为道德领域的“病态”。这一体系暴露了享乐的真实和狰狞的面目，并将其构造为法则的另一面。康德提议建立一种法则，这种法则不考虑主体和对象之间的关系，也不考虑后者对前者产生快乐或不快

1　本节的部分内容改编自我的论文“*Kant avec Sade*: A Ghost in the Shell”, *Vestigia Journal* 2(1), pp. 154–172。

乐的能力，而是以主体的意志符合先验法则的程度为基础。

按照这个逻辑，拉康（2006a）从萨德的浪荡子的野蛮和放纵行为中看出了对严格的道德准则的某种遵从。这种道德准则以格言的形式得到阐述，当它被阐述的时候，其以承认他人对自己身体的最高支配权为基础，例如，“我有权享用你的身体，”任何人都可以对我说，“我将行使这一权利，不受任何限制地用你的身体来满足我的任性。”（p. 248）在强调这句格言中被阐述的“我”**不是**主体而是法则的声音时，拉康接着分析它作为一个普遍的和无条件的绝对律令的价值。最重要的是，这条法令的非对等性质很重要。在萨德的世界里，享乐的权利取决于任何性配置中受害者和侵犯者之间不可协商的不平等性，进而取决于所有形式的社会互动。然而，这一点因以下事实而变得复杂：当那些具有倒错结构的人占据受害者的角色时，他们恰恰
155 是通过作为他人意志的对象来实现享乐的。这意味着他们的快乐是由他们对大他者享乐的追求来决定的：成为他们的冲动对象（口腔、肛门、视界或祈灵）。

当关于“奇点之后的性”的文化幻想比比皆是时，我们必须问，这些性欲和人工智能的新配置的未来会是什么？当埃隆·马斯克的Neuralink、谷歌的DeepMind及尼克·博斯特罗姆（2014）等哲学家在思考AI和机器人对我们的法律制度、文化、政治和人类关系的影响时，他们并没有注意到**享乐的伦理学**这一复杂问题。另一方面，拉康对伦理学辩论的开创性贡献——《康德同萨德》虽然在精神分析伦理学的文献中已经得

到了广泛引用，但在AI的性及其对人类关系的意义问题上还没有被采用。

AI对社会和性配置的干预的不断增加极大地改变了法则的利害关系和范围，因此，这是一个正在进行全面改革的伦理学领域。此外，我认为，《攻壳机动队》揭示了流行于当代文化中的对于人工智能身体看似最无害的幻想的萨德世界。当开发者和研究所试图为人工智能和“机器人伦理”立法时，法则的另一面——人类的“享乐”——显著地出现在人们面前。例如，似乎与当前流行的AI伦理辞说相类似的阿西莫夫著名的“机器人三大法则”立即引发了与上述萨德的伦理律令的不和谐？我们会记得，在《我，机器人》（*I, Robot*）中，阿西莫夫（2018）的法则指出：

（1）机器人不得伤害人类，或通过不作为让人类受到伤害。

（2）机器人必须服从人类的命令，除非这一命令与第一法则相冲突；以及

（3）机器人必须保护自己的存在，只要这种保护不与第一或第二法则相冲突。

拉康已经表明，当涉及人类享乐的问题时，伦理法则比最初看起来的要复杂得多。那么在AI领域，这一点又是如何进一步被问题化的？如果萨德的浪荡子对长期受害者的幻想来自 156
他们对“第二次死亡”的迷恋，即不可避免的阉割法则，那么女性性机器人身体的“不死”和能够遭受无尽折磨的潜力将如何成为浪荡子的欲望的幻想模式？围绕着一个不知道阉割，而

且可以无限受苦的主体假设，我们可以建立什么样的伦理学？“性机器人”是萨德式伦理律令的化身吗？

拉康强烈反对二战后许多思想家（包括让-雅克·波韦尔、莫里斯·布朗肖、西蒙娜·德·波伏瓦等）提出的观点，即萨德的浪荡小说预示了弗洛伊德的精神分析（Nobus 2019）。相反，正如丹尼·诺布斯（Dany Nobus）指出的，拉康认为萨德的作品应该被置于伦理学的历史之中，而萨德应该被视为最高的道德哲学家。他认为：

> 如果说萨德和弗洛伊德之间有什么联系的话，那与前者预见到后者无关，而仅仅是后者能够提出“快乐原则”这一基本的“科学”概念，特别是其表面上的矛盾——一个人可以在自己和别人的痛苦中体验到快乐——因为萨德已经以某种方式为此奠定了伦理基础。（p. 115）

那么，你可能会问，这与人工的智能女性身体（及其引发的焦虑、迷恋和排斥）有什么关系呢？在推测的顶端，性机器人的**概念**通过人工智能对主体性的挑战，将享乐和法则的**外密**概念结合起来。性机器人还为我们提供了萨德格言所概括的快乐/痛苦二分法的伦理基础的内核，该格言规定了他人对自己身体的享用权，并延伸到我们对服从他人意志或支配他人的体验的要求。请记住，对萨德来说，要符合道德法则，就必须遵循开头所述的格言，其中包含了针对受害者和侵犯者双方的律令。

正如拉康（2006a）假设的，与康德的实践理性相比，萨德的道德经验完全围绕着享乐，“因而萨德的经验被修改。因为它只提 157
议在主体的最深处通过冒犯主体的端庄来安置自身”（p. 651）。拉康在这里的意思是，当道德法则的对象在放荡的折磨者的形象中被物质化时，它就失去了康德式的难以企及性（Nobus 2019）。与康德的道德法则外在于感性经验领域不同的是，在萨德的观点中，法则是一个抽象的发射点，但它被呈现为一个非具象的声音，听得到却看不到，并且总是被服从。与康德不同，对浪荡子来说，这个非具象的法则声音并非来自上帝，因为康德无法设想上帝享乐的可能性（*ibid.*, p. 126）。既然他们自己占据了上帝的位置，反而是**自然本身**决定了他们的行动。正如多尔曼塞在等待他的受害者尤金妮遭受折磨后恢复意识时说的那样：“如果大自然仅仅作为其灵感的盲目工具，命令我们把宇宙烧毁，唯一的罪行就是反抗！而地球上所有的恶棍都纯粹是任性的自然的代理人。”（Sade 2006, p. 168）。对浪荡子来说，“悲剧”在于，无论他们的行为多么令人发指或堕落，他们的享乐不过是对他们从完美犯罪中获得的想象享乐的苍白模仿；也就是说，对他们的受害者施加的永恒痛苦——他们永远能够见证它，也许更根本的是，对他们自己的死亡的幻想。当然，这种可能性的明显障碍是人类身体的局限性及其忍受折磨和伤害的有限能力这一残酷的事实。因此，正如拉康（2006a）所说，浪荡子不得不承认“一种行为的谦卑。在这种行为中，他不得不成为一个肉身的存在，而且深入骨髓地，成为快乐的奴隶”(p. 652)。

换句话说，即便一切事情都被说出和做出，浪荡子仍永远无法实现他们所期望的完全满足，因为他们总是被人类的兴奋和高潮周期所阻挠，最终不可避免地回到一个平衡状态。因此，我们是不是可以说，浪荡子的终极快乐实际上并非死亡，而是不死，**是成为不死者**。浪荡子的矛盾在于，他们的身体性存在既是无限享乐的来源，也是（幻想中）“超越死亡”的充分和完全享乐的障碍。作为一个符号主体或言说的身体，浪荡子永远
158 无法真正达到这种充实的状态，他们将永远受制于人类的快乐、痛苦和最终死亡的循环。在这种情况下，或许浪荡子不是希望拥有一个性机器人，而是希望**成为一个**性机器人？

3. 不死的苦难

改编自日本同名漫画的《攻壳机动队》以人工智能的女性身体为特色，描述了其与记忆和创伤的关系。这部电影让我们得以考察联系于 AI 的身体和苦难的问题，并质询萨德式的律令如何帮助理解我们对不死的女性身体的幻想和迷恋。《攻壳机动队》描述了一个反乌托邦的未来，在那里，虚拟性和人工智能已经达到了成熟的状态，以至于现实的日常纹理中流动着各种模拟和全息影像，很像是漫步在鲍德里亚式的视频游戏中。在这个时代，香港的摩天大楼与巨大的全息头像争夺着统治权，向市民发出各种命令、广告和挑衅。人类与有着多种形式的具

身（人形或怪兽）的 AI 一起生活。

就像最近许多关于 AI 的电影愿景一样，我们被一个美丽的女主角迷住了。在这部作品中，女主角是斯嘉丽·约翰逊扮演的反恐行动人员基里安少佐。据称，基里安既不是人类，也不是 AI。在一次事故中，她的人类身体被毁，而大脑则与一个完全合成的身体融合，从而重新焕发了活力。她被表现为一个完美的样本：永远年轻、美丽、强壮，永远赤身裸体，当然，还有雪白的皮肤。[1] 据汉卡机器人公司的首席执行官说，基里安是对抗新型网络恐怖主义威胁的武器，她可以侵入 AI 和人类的大脑，进行精神控制。基里安被告知，她由于结合了人类和非 159
人类的品质这一独特性而代表了文明的新曙光。实际上，基里安是反对算法完全接管人类的最后堡垒，因为人类的作用和效率正在减弱。

鉴于脆弱和易变的生物身体的逐渐累赘化，基里安的设计者欧莱博士告诉她，她是“我们都将成为的东西”。欧莱博士注意到，基里安正在经历痛苦，他对基里安的心理健康感到担忧。尽管基里安遭受了多次身体攻击，暂时失去了能力，但她似乎并没有感受到任何身体上的疼痛。然而，由于记忆偶尔出现故障，她开始出现幻觉，认为是自己的程序出现了问题。当她第

1　鉴于原版漫画的故事背景是在日本，基里安少佐这一角色当然是日本人，这导致了对选择斯嘉丽·约翰逊担任主角的好莱坞式洗白的指责。有人为此辩护说，由于基里安的身体被增强了，她不一定是日本人。然而，这最终只是凸显了将白人身体选择为基里安化身的隐含优越感。

一次变身为赛博格（或性机器人）醒来时，基里安问欧莱博士，她为什么感觉不到自己的身体。博士解释说，她的身体在一次悲惨的船难后没能保存下来，这次船难使她全家丧生，而她现在有了一个完全合成的增强的新外壳。然而，她的大脑是完好的。

基里安少佐被派去追捕一个侵入汉卡机器人公司的黑客。在一个机器人艺妓因被黑客侵入而在汉卡公司的商业会议上开始疯狂杀人之后，基利安被派去“消灭”这个艺妓。然而在这之后，她违背了协议，决定对已停用的艺妓AI进行危险的虚拟深潜，看看能从它的记忆中检索到什么。在这里，她发现了始作俑者——黑客久世。在基里安少佐被久世俘虏后，久世透露自己是一个与她类型相同的测试案例，而在她之前，还有许多其他的测试案例。基里安发现，别人告诉她的关于她的“身世”的故事——她的生命在一次事故后被拯救，她的大脑被上传到一个新的、更复杂的非生物的身体中——都是谎言。事实上，基里安的生命是被“偷走”的。不过，通过经历被她当成“故障”的幻觉，她变得很清楚，在她的有机大脑被上传到新的合成体后，她自己的记忆已经抵御了完全的毁灭。事实证明，她和久世实际上曾经是两个离家出走的年轻的反增强主义活动家。他们对政治秩序构成了威胁，因而被一个新的、来势汹汹的技术官僚政权杀害并消除了记忆，以此变成为国家服务的终极战斗机器。为了报复，久世想创建一个由人类—AI意识组成的超级网络，并将其与一个中央“大脑”连接起来。他恳求基里安加入。然而，基里安拒绝了，她打算找回她的主体性，并完成恢复自己失去的记忆的任务。基里安少佐拒绝加诸她残余的人性之上的管控，尽管她有一个超人的控制论身体。通过这一切，基里安试图保留她的主体性，并抵制完全同化为一个自动化和机器化的生命形式。但是，我们可以从对增强的女性身体的描述及这一身体与基里安的主体性的关系中收集到什么？影片如何处理基里安的“失落往事”的问题？我们又该如何看待这样一个事实，即每当她参与战斗，她都会神秘地脱掉衣服，以完全裸露的硅胶身体进行战斗？这是为了她自己的快乐还是为了她的对手的快乐？基里安与她的身体是什么关系？她能感受到身体的感觉吗？如果没有，如果她的身体什么都感觉不到，她如何在一个物理世界中运作？换句话说，基里安少佐这个角色在哪些方面涉及与萨德世界中的**永恒**享乐相关的性化问题？

无论基里安的身体的设计者抹去了她的什么记忆（有意识或无意识的），似乎她在复活后保留的是她的**主体位置**，这一现实结构中不可磨灭的污点是不能被替代，也无法丢失的。然而，鉴于她无法感受到任何身体上的感觉，她似乎奇怪地缺乏享乐。但情况真的是这样吗？会不会基里安确实在享乐？如果是这样，这种享乐是由什么构成的？就像许多对女性 AI 的描述一样，我们被要求想象的实际上是一种对**女性享乐**的幻想，一种不受限制的、无视符号化的享乐？

这只是诸多电影案例中的一个，在这些例子中，女性的身体被用来追寻性与法之间关系的答案。当然，基里安少佐的主体性与她的具身是紧密相连的。因此，为什么只有在她作为一个“终极武器”完成任务的时候，她才会赤身裸体并被赋予情欲色彩？电影中的女性表征也许只是老生常谈，但这背后有一些更重要的东西。基里安少佐不仅仅是一个性欲化的女性身体，她还是一个超人类的身体。在研究超人类的概念时，我们可以由此了解一些萨德式的性爱伦理及其与出生和死亡的关系。最
161 终，基利安的苦难的来源还是围绕着一个原初的失落，一个她转世的身体所哀悼的不可能的对象。因此，影片以基里安与她的母亲，她原初的失落对象的重逢而告终，就不足为奇了。

4. 薄膜：失落的享乐

拉康在《无意识的位置》(*Position of the Unconscious*, 2006b）和《研讨班 XI》(1977）中描述了《攻壳机动队》所描绘的这种对“不死”生命体的幻想。在其中，他谈到了神话中的“人卷”(*hommelette*）[1]。然后，他进一步将其描述为“薄膜”(*lamella*）[2]，一个在出生时与胎盘分离，离开身体的奇怪变形虫阿米巴。他要求我们想象一个“无限原始的生命形式”的幻影，

1 来自拉康惯用的造词游戏，hommelette（人卷）由 omelette（蛋卷）和 homme（人）组合而成，是前者的同音词。拉康的灵感似乎来自柏拉图的神话：人类最初是蛋形的雌雄同体，而后才划分为两性。——译者注

2 拉康将“薄膜”这一形象描述为一种前性的、前主体的物质，是人类主体中不能被还原为符号的纯数字性的东西。是不死的、不可摧毁的对象，是被剥夺了符号秩序的生命。拉康甚至称它为力比多的器官，一个“不需要器官的生命”。——译者注

它将从新生儿那里飞走（p. 717）。这种可丽饼般的形式是主体在性化之前的剩余部分：

> 每当一个蛋的薄膜快被穿破，胚胎正要变成一个新生命之际，想象一下有什么东西从里面飞走了。在人的身上也发生了同样的事。这就是人卷，或薄膜。薄膜是一种极其扁平的东西，它像阿米巴虫一样活动。它只是更复杂一点，但它无处不在。由于它与性化存在在性欲中失落的东西有关——我很快就会告诉你为什么，它就像与性化存在有关的阿米巴虫一样，是不死的——因为它能在任何分裂和裂殖中存活，而且跑得飞快。好吧！这不是很让人安心。但是，假设它在你安静地睡着的时候来到你的面前，包裹住你的脸……
>
> 它是一种作为纯粹的生命本能的力比多，也就是说，不死的生命，不可抑制的生命，不需要器官的生命，简化的、不可毁灭的生命。这是由于它受制于有性繁殖的循环而从生命体中减去的东西。而正是由于这一点，所有可以列举的对象 a 的形式都是一种表征和等价物。（Lacan 1977, pp. 197–198）

所以，薄膜没有感觉系统，换句话说，它不需要口腔的、肛门的、视界的或祈灵的部分冲动，而能够把所有这些方面综合成一个纯粹满足、整体和在场的完全丰满。它纯粹存在于 162

实在之中，不需要符号的中介，“因此，它比我们这些人有优势，因为我们必须在我们的头脑中为自己提供一个模型小人（homunculus），以便把实在变成现实”（Lacan 2006b, p. 717）。

人卷或薄膜是不可摧毁的、不死的和永生的。换句话说，薄膜是力比多，是纯粹的享乐。当然，这是一种逻辑上的不可能性，但它的原初失落为性化存在的结构提供了形式条件。薄膜是不死的生命力，假体上帝试图复制它，但它永远无法被捕捉。我们可以说，薄膜的神话正是居住在奇点的末世论幻想中的东西，那一刻，人类被一种不朽的、不可毁灭的数字生命形式所取代。可以说，这种问题现象正是我们在**抽灵机**中发现的。用拉康的话来说，**它不完全是存在，也不完全是他者**（Lacan 2007）。

生命的技术形式和性欲之间的关系是以某种享乐的模式或统治的制度为索引的。正如在《攻壳机动队》中，基里安少佐作为一个完美的容器，以不死的硅胶战斗机器的形式，将女性主体与薄膜重新结合起来。但最终，就像所有突破阉割的尝试一样，这也失败了。那么，主体中什么东西仍然是不可摧毁的？是薄膜吗？如果基里安少佐在她的身体被完全替换，且记忆也几乎被完全替换的情况下仍然保持着她的主体性，那么身体死亡的事件带来的创伤在什么层面上得到体现呢？

在这里，引入马拉布和齐泽克关于创伤后主体的辩论是有益的。在《新伤痕》（*The New Wounded*）中，马拉布（2012）批评了弗洛伊德—拉康式的无意识创伤范式，认为它无法诠释一个面临大规模脑损伤的主体的根本变化，这种损伤抹去了主体的所有记忆，就像“重设程序”那样。马拉布认为，这种情况不可能适用于弗洛伊德的创伤逻辑，因为弗洛伊德式的创伤是通过双重登记运作的。也就是说，最初发生的创伤并没有被登记为主体的创伤，而只有在随后的经历给先前的事件赋予意义并给主体带来痛苦时才会成为创伤。齐泽克认为，马拉布犯 163
的错误是，在如此专注于所有记忆被抹除的创伤内容时，她忽略了被抹除的创伤的所有积极内容，也就是**主体性本身**。换句话说，以大规模脑损伤的形式出现的极度创伤将揭示出主体性的纯粹空洞形式。这种形式在所有积极内容被删除后仍然存在：

> 恰恰是由于它抹去了整个实体性的内容，创伤冲击才**重复**了过去，也就是说，正是过去的创伤性的实体损失才构成了主体性的维度。**这里重复的不是一些古老的内容，而是抹去所有实体性内容的姿态本身**。这就是为什么当我们把一个人类主体置于创伤性入侵之下时，其结果是“生—死”主体的空洞形式……在对人类主体进行暴力创伤侵入，并抹去其所有实体性内容之后，剩下的就是主体性的纯粹形式，这种形式一定是已经存在的。（Žižek 2016, p. 339）

因此，当基里安少佐从她的大脑整个被抹除和身体完全被替代的创伤经历中醒来时，她面临的创伤不是主体性的丧失，而是实际上剥离了她的客观实体化内容，后者揭示了她作为主体的空洞形式。当她过去生活的记忆出现在她面前时，这些记忆是创伤性的，因为它们仿佛从哪里闯入了主体性的空洞空间。基里安突然被暴露在阉割效应之下，从不死的主体回到了出生的创伤和活人的领域。

回到萨德（2006）的《闺房中的哲学》，这一剧本也围绕着对以前的主体性形式的完全抹除和“精致的”女主人公尤金妮·德·米斯蒂瓦尔对享乐的新形式的爆炸性发现。更重要的是，她的苦难的主要原因和她最堕落的幻想的最终受害者就是她自己的母亲。正是母亲那令人难以忍受的（和虚伪的）美德，使尤金妮在她自身所谓的“自然”欲望和激情与礼貌社会对她的限制之间陷入困境。正如多尔曼塞在性“教育”中向她解释的那样：

> 164 尤金妮的母亲在把她带到这个世界上的时候，有没有考虑过她？那个荡妇让自己被蹂躏，因为她喜欢这样，但她离设想一个女儿还很远。所以，让尤金妮对那个女人做她喜欢做的事吧！让我们给她自由，让我们保证，无论她的行为有多极端，她都不会产生罪疚。（p. 57）

可怕的是，尤金妮通过强奸和折磨她的母亲实现了她的最终愿望。当然，基里安并没有这样做。由于扮演基里安新母亲角色的欧莱医生是她的“设计者”，一旦基里安“叛变”，他就会被汉卡公司的总裁指责并杀死。但是，基里安与她的“实在”母亲的关系是一个纯粹的谜。她的亲生母亲将她的人类死亡和她作为“现实中的污点”的不可磨灭的主体地位联系在一起，而她的第二个“假体”母亲欧莱博士又重新设计了她，使她摆脱了阉割法则的第二次死亡（就像圣安琪夫人试图根据不同的法则“重新设计”尤金妮一样）。新的身体使基里安能够在快乐和痛苦的限制之外生活，而她的第一任母亲给她的生物身体却无法容纳这些限制。

尽管萨德的浪荡子的欲望是令人反感和残忍的，我们还是可以看到，其中的一些本体论出现在了电影《攻壳机动队》中。基里安会代表什么样的幻想的受害者？一个不会死但可以无限地受苦的身体产生了一种不受人类生物周期限制的无止境的享乐？而基里安是什么样的主体？她有一段历史吗？这是否构成了她受苦和享乐的基础？这难道不是萨德式的最终满足的伦理梦想吗？这是倒错者的梦想吗，还是萨德主义的梦想？正如诺布斯（2019）指出的那样，拉康实际上没有直接将萨德式伦理等同于倒错，后者在文中只被表面地提到过一次。萨德主义虽然被多次提到，但并没有被当作萨德式伦理的同义词，即使这个野蛮的精神分析范畴以他的名字命名，但这些都是后来被其他理论家和分析家采纳的假设。[1] 拉康在《康德同萨德》中的目的是要复杂化主体的享乐和受苦，对他人的痛苦和快乐的知识 165

1　特别是米勒（1998）和齐泽克（2016）。

之间的三元关系，以及法则如何在两者之间进行调解。

在萨德对当代法国道德教化及其阶级政治的黑暗讽刺中，尤金妮以惊人的恐怖方式结束了故事：在母亲被患有梅毒的园丁强奸后，她缝上了母亲的阴道和肛门。毫无疑问，这个故事对母亲的暴力比《攻壳机动队》要生动鲜明得多，但在这两个故事中，母亲作为唯一的祖先和物种的道德监护人的地位似乎受到了威胁和抹杀。对萨德来说，母亲是宗教辞说和道德的圣杯，必须被消除；而对《攻壳机动队》来说，母亲占据了一个矛盾的角色，既是基里安的主体性的起源，又最终限制了“物种”的发展。在人工智能的辩论中，母亲和繁殖的问题是一个理论化程度相当低的领域，我将在下一章进一步探讨这个问题。

这为我们勾勒出萨德式伦理中的另一个关键因素，它取决于男性和女性的性化。对浪荡子来说，受害者必须是女性，但为什么？因为女性主体代表着终极的空洞主体，主体的实体化内容被女性形式的肉体所本体化。恰恰是女性身体的超物质性充当了萨德式浪荡子所不能承受的存在的否定性的面纱。正如齐泽克（2016）所说：

> 这种将身体重新划分为普通的凡人身体和超凡的不死之身的做法，使我们看到了问题的关键：两种死亡之间的区别，即普通凡人身体的生物死亡和另一个“不死”身体的死亡——很明显，萨德的激进犯罪概念的目的是谋杀这第二个身体。（p. 334）

齐泽克认为，萨德所错过的和拉康所意识到的，正是这两种死亡的顺序是相反的。“我可以看到，第二次死亡是在第一次死亡之前，而不是像萨德梦想的那样，在第一次死亡之后。”（引自 Žižek, Lacan, p. 335）对萨德的浪荡子（不是萨德本人，因为齐泽克会把他具体化）来说，宇宙是没有主体的纯实体，他们仍然相信大他者和“自然作为本体论上一致的领域”（p. 335）。因 166
此，在齐泽克看来：

> 萨德继续只作为实体而不是主体来把握现实，在这里，主体并不代表不同于实体的另一个本体论层次，而是代表实体本身的内在不完全性——不一致性——对立。（p. 335）

如果我们把基里安看作我们对不死的女性身体的最终幻想，那么她似乎体现了人工生命将要“遭受”的主体性的不可调和的创伤。基里安既是一个不可毁灭的杀手，也是一个永远被杀死的人。拉康对法则和享乐的问题化让我们得到了一个奇怪的结论：不死之身的形象在我们的科幻世界中似乎无处不在，而且很快，我们对具身化人工智能的立法也不可避免。也许是一种苦难政治的管理制度？基里安少佐可能被赋予了一个几乎无敌的非生物体的形式，但她的“人性”恰恰出现在满足感失落的地方。在她寻找失去的记忆的过程中，她听到的声音，她在技术“故障”中看到的图像，都指向一个幻想的结构，这一结构渴望着各种失落的对象，或者某个特殊的对象。弗洛伊德假设的假体上帝也是一个狂妄地梦想着不受阉割影响的不死不生的神。从萨德世界的角度来看，基里安很可能是最终的受害者，一个未来的尤金妮·德·米斯蒂瓦尔。她不仅是一个有着雪花膏般无瑕身体的永远不受伤害的处女，非人的强大，而且她会无限地受苦而不死。这就是我们说的性机器人伦理学的开始吗？

第七章　我可以希望什么？繁殖、复制与不朽 169

> 没有奴隶的主人会怎样？他最终会恐吓自己。而没有主人的奴隶呢？他最终会剥削自己。如今，两者以一种自愿奴役的现代形式结合在一起：数据系统和计算系统的奴役——总体效率总体表现。我们已经成为这个世界的主人——至少是虚拟的主人，但这一统治的对象，这一统治的终局已经消失了。
>
> ——鲍德里亚（2008, pp. 113–114）

1. 宝贝X

康德的第三个问题“我可以希望什么？”首先出现在他的第二批判中，进而在他（1987）的第三批判中得到了充分发展。在第三批判中，康德不仅对前两个批判的工作所建立的崇高进行了分析，还对人的目的进行了追问。在第一批判结束时，康德已经确立了人类理性的某些基本二律背反，其中最重要的是因果决定论。一方面，它允许实证科学致力于对世界上所有事件的原因进行全面的综合说明；另一方面，自
170 发的因果论是自由和伦理的领域。因此，第三批判构成了对这两个领域在判断能力中的重叠讨论。知性（Verstand）和理性（Vernunft）都必须在这个领域中被调用。第三批判涉及目的论判断及生物学和遗传学的概念，康德在其中论证了由于人的理性能力，人是自然的最终目的。在另一部作品《人类学历史与教育》(*Anthropology History and Education*, 2007）中，康德强烈反对皮埃尔·路易斯·莫罗·德·莫比尔修斯（Pierre Louis Moreau de Maupertius）提出的原优生学思想，即为了服务于人性的完美，我们应该能够提前决定一个人的身体或认知能力。相反，康德认为，由于内在的伦理维度，科学和道德主体必须处理自然界的偶然性及其好坏因素。对康德来说，“我可以希望什么？”这个问题与我们对自由意志的可能性、灵魂的不朽，以及最终对一个不欺骗的上帝的存在的信仰密不可分——据说上帝会按照正义的原则来设计世界。虽然对康德来说，我们无法了解这些东西，但对道德法则的思考必然导致我们对这些东西的信仰的合理化。最终，之于康德，伦理不可避免地产生了宗教，而宗教的顶点就是对上帝的设想。

然而，我不是以康德的方式，而是以拉康的方式来处理康德的第三个问题的。在前一章的基础上，一旦我们根据拉康对康德和萨德的解读重新认识了道德法则，即主体不朽或不灭的

可能性，正义的问题（作为享乐的功能）和萨德式的意志（被认为是对欲望的追随）就有了一个全新的维度，它引导我们去考虑不死之身的概念及其与享乐的关系。此外，正如拉康在《研讨班 XX》中阐述的那样，上帝作为“灵魂”不朽的担保人的想法，在概念上和逻辑上与女人、阳具和性化紧密相连。而从这个角度来看，自然具有完全不同的重要性。正如本章将论证的那样，人类物种的命运问题由于从繁殖到复制转变的可能性而变得十分复杂。

从拉康的立场看这个康德问题，将促使我们重新评估与作 171
为人类不朽形式的繁殖有关的性化问题和之于人类主体的性问题。我们可能会问，作为繁殖的生命目的的假相功能是什么？如果去掉了假相，那么，就母亲和父亲在心理上的作用而言，传统的亲子关系的结构性问题会变成什么？弗洛伊德已经在怀疑，当人类意识到他们不必为了生育（甚至是无意识地）而进行性行为时，社会会发生什么变化。但精神分析的新理论问题肯定是：当人类**根本不必通过性行为**来生育时，会发生什么？诚然，体外授精已经是这种情况，但更激进的是，当我们可以通过**宫外**妊娠孕育胚胎时，生殖身体的地位是什么？事实上，这项技术已经比我们目前的医学或精神分析伦理学开始考虑的问题更加成熟了。人工子宫的发展已经开始，这肯定会对妇女的生殖权利和未出生胎儿的权利或法律地位产生深远的影响，也会对更普遍的性化产生影响。生育中的女性身体之谜可以说是整个精神分析事业中的基本难题之一。弗洛伊德的两个存在主义问题被认为是神经症辩证法的两方面的特征：一方面是“我是死是活?”；另一方面是“我是男是女?”。这两个问题都来自解释的不可能性：首先，生命的神秘来自**无中生有**；其次，奇异的“魔力”赋予了某些身体以权力，可以凭空创造另一种主体性。在《神经症病因学中的性欲》(*Sexuality in the Aetiology of the Neurosis*, 1898）中，弗洛伊德设想了这样一种可能性：在未来，性和生育没有必然的联系，怀孕的风险（或欲望）并不总是在任何性接触的背景中出现。对弗洛伊德来说，这一发展肯定会给我们的社会条件带来根本性的转变，更不用说女性的性自由了。我们或许可以回顾一下，弗洛伊德在这方面的天真观点相距 1951 年第一颗避孕药被发明出来尚有五十年的时间。然后在 1956—1957 年的《研讨班 IV：客体关系》中，拉康对一个女人用她已故丈夫的冷冻精子为自己授精的消
172 息感到惊讶，并提出了一个问题：“**父亲是什么?**”结论是，正是死去的父亲才是符号父亲，或者用拉康的话说，就是“父之名”，但这个概念在弗洛伊德那里已经存在了（作为部落的图腾父亲）。拉康（2007）在《研讨班 XVII》中直接引述了《图腾与禁忌》，认为（也许是无意识地引述了他在十二年前发现的死去的父亲的冷冻精子）：“因此，等同性是被画出来的。用弗洛伊德的术语来说，在死去的父亲和享乐之间画上等号。如果我可以这样说的话，是他在保留它。”（p. 123）

他继续说：

> 在这里，神话通过以实在的名义声明来超越自己——因为这是弗洛伊德所坚持的，它确实发生了，它是实在的——死去的父亲是守护**享乐**的人，是禁止**享乐**的开端，亦是禁止**享乐**的根源。（p. 123）

随着先前无意识的亲子关系结构被拆除，当代技术科学以**体外授精**和干细胞研究等形式提供了来自两个以上的父母的遗传物质及各种形式的代孕的可能性。不仅一个符号父亲可以“死去”，现在，一个母亲也可以。换句话说，母亲超越了她先前的角色，即被束缚在母性的物质、本能和情感的劳作中。无论孩子是从活着的或死去的父亲那里出生（或制造），在子宫内或子宫外受孕，由代孕者或捐赠者提供卵子，在精神分析的术语中，围绕着亲子关系问题的是**原始场景**的问题。换句话说，对精神分析主体来说，在这个问题上暴露出来的僵局是他们自己创造的时刻，一个他们在结构上无法知道的时刻。在精神分析中，这种僵局的最激进形式以无性繁殖的可能性——也就是**复制**——的形式出现在我们面前。

这一章的题记出现在一篇名为《没有女人的世界》（*The World without Women*）的文章中，鲍德里亚借用了维吉利奥·马尔蒂尼（Virgilio Martini）一本书的书名（*Il Mondo senza Donne*, 1935）。在这本书中，我们的世界正在被一种神秘的疾病所侵袭，这种疾病被设计用来消灭青春期到更年期之间 173
的所有育龄妇女。正如鲍德里亚指出的，这本书写于艾滋病爆发前五十年，却与20世纪80年代艾滋病的流行给现实生活带来的恐惧和幻想产生了一些不可思议的共鸣。在这个故事中，疾病在海地爆发，据说是同性恋者策划的消灭女性的阴谋。鲍德里亚认为，这本书本质上是一个关于灭绝所有他性的寓言，而女性则是其中的隐喻。在他看来，更深层的寓言其实不是艾滋病，而是更根本的让所有人类都成为受害者的病毒，也就是"他性的破坏性病毒"（Baudrillard 2008, p. 111）。虽然目前这种病毒"并不影响物种的生物性繁殖"，但它的目的是"象征性地繁殖他人，以支持'克隆的无性繁殖'"（*ibid.*）。后来，在《重要的幻觉》（*The Vital Illusion*）一书中，鲍德里亚认为，克隆人的出现不仅没有预示人类不朽生命的新时代，反而矛盾地带来了为我们所知的人类的终结。他担心朝向同一的冲动正在杀死我们。

但克隆或复制对人类来说意味着什么？它是繁殖的终结吗？它是性的终结吗？它是孩子的终结吗？灵魂机器公司（Soul Machines）位于新西兰，它致力于开发智能的、有情感反应的化身，其首席执行官马克·萨格尔博士（Dr. Mark Sagar）发明了"宝贝X"，这是一个虚拟的神经系统，其化身是一个人类婴儿，正在被训练成"像一个真正的人一样"对世界做出反应。看到AI儿童的脸对学习新单词和识别图像做出反应时，那种不可思议的感觉再次让人想起《2001太空漫游》中人性的脆弱。尽管我们知道这个婴儿并没有真正**感受到**任何东西，在机器学习的背景下使用这个孩子还是有一些特别令人不安的地方。它到底是什么？拉康（2018）在《关于孩子的说明》（“Note on the Child”）中写道：

> 如果对自我理想的认同和从母亲的欲望中获取的碎片
> 之间的差距缺乏通常由父亲的功能提供的调解，孩子将
> 容易受到各种幻想的捕获。他成了母亲的“对象”，他的
> 唯一功能是揭示这个对象的真相。孩子意识到了雅克·拉
> 康所说的幻想中对象 a 的在场。通过用自己来替代这个对 174
> 象，孩子得以充实缺乏的模式。由此，（母亲的）欲望被
> 特殊化了，无论她的具体结构是神经症、倒错还是精神病。
> （pp. 13–14）

正如我们所知，在拉康看来，孩子对母亲有一个关键的作用：在幻想中实现对象 a。因此，孩子作为家庭结构的症状，在某种意义上是唯一可以存在的**对象 a** 的实在化身。但孩子不仅对母亲，而且可以说对整个社会关系都具有这种功能。理论上，孩子是统一所有文化的最后一个神圣对象，是唯一在法律上和道德上必须永远被保护的人类，高于其他一切。但正因为如此，相反的情况经常发生。“儿童”的概念虽然被普遍珍视，但也往往在现实中被玷污和滥用得最厉害。也许这就是为什么灵魂机器公司的 AI 儿童**宝贝 X** 的产生是如此令人不安和奇怪。它体现了儿童的形象中包含的纯真和全能之间的悖论。一个孩子既“一无所知”，必须被教导如何**在世存在**，也是潜在的无限学习、

思考和创造的承载者。

那么，在这些潜在的亲子关系的新条件下，性机器人的形象在回答**“我们可以希望什么?”**的问题时，会以什么样的形式呈现出来呢？在第五章中，电影《机械姬》中艾娃所代表的性机器人是一个完全构建的身体和大脑，其存在是以生物身体的外观为前提的；是AI的外部迭代。在第六章中，《攻壳机动队》中描述的名为基里安的性机器人是一个出生在人类身体里，然后被转移到合成身体中的人；是AI的内部迭代。在《银翼杀手2049》中，虽然性机器人的明显形象看上去似乎是全息女友乔伊这一角色，但实际上应该是银翼杀手K。K是从人工智能的建成到人工智能的复制，再到人工智能的诞生的最终**废除**（*Aufhebung*）；是AI的外密迭代。K作为一个复制人的可能孩子，向我们提出了非生物繁殖和亲子关系的问题。

175 2.《银翼杀手2049》：父亲是什么？[1]

与第一部《银翼杀手》电影一样，丹尼斯·维伦纽瓦（Denis Villeneuve）的续集《银翼杀手2049》（2017）试图在加速的技术资本主义、不可阻挡的太空殖民，以及对所有人类生命的技术逻辑统治日益焦虑的背景下，提出关于人类存在本

1 本节的部分内容改编自我的论文“Before We Even Know What We Are We Fear to Losc It: The Missing Object of the Primal Scene”, in Calum Neill (ed.), *Lacanian Respectives on* Blade Runner 2049, London: Palgrave Macmillan, 2021。

质的基本问题。虽然第一部电影已经激起了我们对自身经验的可靠性的怀疑——这是一种后现代的笛卡尔式或**德卡式**[1]的沉思——而续集在提出 K 的植入记忆的问题时，同样采用了激进的笛卡尔式的怀疑主题。只不过这一次，《银翼杀手 2049》为我们呈现了一层额外的心理学意义，那就是我们的主角的祖先问题。在发现一个失踪的孩子——前作中由德卡和瑞秋结合而诞下——后，年轻的银翼杀手 K 的任务是追踪这个孩子并将其送回。然而，K 开始认为这个失踪的孩子就是他。他可能不像他一直相信的那样是华莱士公司的产物，而有可能是性繁殖的产物；他有一个童年和一个家庭。似乎主角的困境的关键不再是“我是人类吗？”，而是“我是被生出来的吗？”。《银翼杀手 2049》从其前身《银翼杀手》所解决的传统认识论问题过渡到了与其稍有不同，甚至可能更严格的关于人工智能的精神分析问题，也就是出生、知识和阉割的问题，而尤其重要的是孩子的形象问题。

在这个故事中，K 在寻找影片中的欲望对象——失踪的孩子时，幻想着要重建他自己的原始场景。在前一部电影中，复制人不知道自己不是人类，因而挣扎在不“真实”的认识当中；相反，K 和他那一代的 Nexus 9 模型在出场时只知道他们存在的有限本质。出于这个原因，当 K 发现他可能真的是被生下来

1　即瑞克・德卡（Rick Deckard），《银翼杀手》及《银翼杀手 2049》中的角色。——译者注

176 的——因此是“特殊的”——的时候，他开始相信他是“被选中的人”，是由男人和女人的结合而生的。因此，神秘而深刻的人类性化问题被推到了幕前。

这里描绘的焦虑关乎性关系的瓦解。由于在这个想象的未来，人类是“人工”繁殖的，不需要女性的孕育工作，所以性化的意义变得更加突出。我们可能会问，如果我们可以进行无性繁殖，为什么我们还需要所谓的“男人”和“女人”？拉康（1992）在《研讨班 VII》中指出：

> 创造的想法与你的思想是同质的。你不能思考，没有人可以思考，除非在创造论的术语中。对你来说，就像对你所有的同时代人一样，你所认为的你的思想中最熟悉的东西，即进化论，是一种防御的形式，是对宗教理想的依附，它使你无法看到你周围的世界正在发生什么。但这并不是因为——和其他人一样——不管你是否知道，你都陷入了创造的概念，创造者对你来说处于一个明确的位置。（p. 156）

拉康继续把创造的问题与弗洛伊德的死亡父亲——更具体地说，即冲动——联系起来。他称之为“一个绝对基本的本体论概念，它是对一个我们不一定要识别的意识危机的回应，因为我们正生活在其中”（p. 157）。因此，困扰主体的是**无中生有**的想法，而这一想法总是将他引回到寻找自己的原因。

第一部电影关注的是类比和数字的认识论问题，两部电影之间的过渡标志着现实的丧失，即笛卡尔式的“什么是真实的？”[1] 的问题；而第二部电影更关注“我是什么？”的本体论神学问题。

拉康对于弗洛伊德生物学理解的重新思考，对他颠覆精神 177
分析的实践和理论至关重要。通过重新使用弗洛伊德的激进思想来重新认识生物学对精神分析的意义，拉康“重新启动”了弗洛伊德的生物学（对应于当时的科学范式）。正如他指出的：“弗洛伊德的生物学与生物学无关。”（Lacan 1988, p. 75）

通过这种方式，我们可以将《银翼杀手 2049》对复制人生物学问题的兴趣理解为向弗洛伊德对神话和僵局的关注的回归，这种关注首先激发了拉康对弗洛伊德思想的结构主义阅读。K 对他的记忆和出生的渴望不仅表明了其对现实本质和人类主体性产生了一种激进的怀疑——在后现代主义的全盛时期，鲍德里亚对我们日常生活的模拟构成的猜测助长了这种怀疑（正如我们在第一部电影中看到的）——而且，K 的困境也阐明了构成精神分析主体的原始失落的结构：一个与出生、语言、知识、享乐和身体内在关联的主体。

在这部影片中，欲望对象的原因当然是孩子。这来源于交

1　正如弗利斯菲德（Flisfeder 2017）对原版《银翼杀手》及其对玩弄真实性和现实概念的迷恋的评论那样，这部电影不仅明确地处理了拟像的概念，而且由于其得到多次重制（共 7 次），电影**本身**作为一个文化对象就是一个拟像。弗利斯菲德说：“在这个意义上，《银翼杀手》始终是它自己的一个拟像，每个版本都标志着其形式的历史性，并增加了一个新的层次，原始版本似乎越来越不重要了。”（p. 97）

战的各阵营（复制人革命阵线和华莱士公司）的不同目的：他们希望保护它或摧毁它、俘虏它。但在精神分析的层面上，孩子是 K 的欲望对象的原因，因为他想成为它，它是他的**缺在**（*manque à être*）。K 用他那迫切的问题寻求着原始场景的终极知识："我从哪里来？"在寻找瑞秋丢失的孩子的过程中，K 像所有的悲剧英雄一样不知不觉地"寻找自己"。与前几代复制人不同的是——他们费尽心思发现自己的记忆并不是自己的——K 有一个相反的问题。当然，一旦他意识到他的记忆可能不是伪造的，而实际上是"真实的"，他就开始追溯性地想象失去了一些他从来不知道自己有过的东西，也就是母亲。这种原始失落当然是人类主体的典型标志，是通过绝对满足的对一种不可能的充实的追溯性想象。

正如米勒（2007）所说，我们在这里有一种奇怪的"反向解释"。我们不是从症状开始，然后倒退到创伤，而是从创伤的
178 插入开始，以便给 K 一个症状，这将在某种意义上**使他成为人类**。与弗洛伊德在治疗谢尔盖·潘卡耶夫——又名狼人（Freud 1918）——时首次在临床上援引原始场景的创伤不同，K 没有一种指向任何形式的对起源的幻想的神经症。因此，对失踪儿童的假设追溯性地创造了 K 与他的出生、他想象中的父亲和母亲之间的关系的历史性连结，这种关系先于他而存在；一种"他者的欲望"框住了他自己的被排斥感。

让 K 进入领域所需要的是否不仅是真正的人性，而且是真正的"男性气质"？他在寻找孩子的过程中遇到了被放逐的**家中**

父亲（*pater familias*），可怕的老德卡。他们当然必须把对方打得体无完肤。因为我们知道，除非你至少曾**试图**杀死你的父亲，不管是无意识地还是其他，否则你不可能成为一个真正的（男）人。因此，K 的生活是对人性和男性气质的一种拟像。他的女朋友乔伊是一个全息图，据说只要按一下虚拟按钮就能给他想要的一切。用拉康的术语来说，她实际上是他的症状的拟像。如果说女人是男人的症状，那么在这个情况下，全息图乔伊就是复制人 K 的症状。乔伊实现了男性的终极幻想：一个只为她的男人的快乐而存在的女人，可以为了满足他的欲望而随时更改她自己，她的心情和她的装备。

另一方面，K 的上司乔希中尉是母亲的形象，代表着传统家庭的保守价值观。乔希打算创造边界和界限，从结构上讲，她似乎正在毁灭他。在一种扭曲的俄狄浦斯逻辑中，K 寻找着他的原始场景的对象，并发现自己因离得太近而感到不舒服。当 K 意识到他的处境的后果时，他不得不接受这样一个事实：至少他有一个姐妹，以安娜・斯特林博士的形式。然而，他们中的一个是另一个的副本。由于他的木马记忆，K 认为她才是他的复制品。但不幸的是，他弄错了。

当然，女性完美的具身乔伊在整部影片中都是 K 的伴侣，这不是没有道理的。而且，事实上，正是乔伊让他相信了自己的卓越品质。她鼓励 K 相信他与其他复制人不同。她告诉他，他必须是“女人的孩子，天生的，被需要的，被爱的”。此外，他还需要一个名字：“乔”。这是卡夫卡式的约瑟夫・K，还是

179 圣经中的约瑟？前者表明K被困于官僚制度的异化当中，后者表明他在复制人的起源中的潜在重要性。我们将看到这一点。

但为什么乔伊对这一点如此肯定？她作为他在算法上亲手制作的幻想，被设计来告诉他他想听的东西。换句话说，她的存在支撑着他的男性气质。从形式上看，男性气质符合对一个人的特殊品质的信念。要成为一个男人，就必须属于“男人”（men）的范畴，这就需要幻化出一个终极的“人”（Man）的形象。记得在《银翼杀手》第一部的最后一幕中，当德卡终于消灭了最后一个流氓复制人罗伊·巴蒂时，他的同事加夫告诉他：“你已经完成了一个男人（man）的工作。”这里的模棱两可不仅暗示了德卡作为人类或复制人的身份的持续神秘性，而且从根本上掩盖了男性气质本身的结构：属于那种难以捉摸的、超人类的“男性气质”。相反，乔伊作为一个癔症女人的立场转变为K对其作为一个“女人”的任何欲望，这形成了一种完美的神经症式的性辩证法，以歌颂K的强迫症式的问题——“我是死是活？”。乔伊癔症的存在理由是知道如何成为K的女人，并为他的“灵魂追寻”提供支撑。因此，K的困境是男性主体证实其外-在（ex-istence）[1]这一持续需求的范式。

作为**进入生活**的一个幻想，乔伊是K**对享乐的意义的想象化**。正是出于这个原因，乔伊为他寻找他最初的失落对象和所

1 原文疑误。似乎应为“ex-sistence”。拉康创造“ex-sistence”一词，以表示我的存在的核心从根本上是相异的、外部的大他者，主体是去中心化的、离心的。——译者注

有享乐的来源——他的母亲——提供了心理上的叙述。重要的是，当乔伊安排他与一个以自己为化身的妓女发生性关系时，K 似乎并没有为这种情形感到特别感动。如果有的话，这也许并不是他所欲求的。通过走出虚拟幻想的规定领域，进入有血有肉的不舒服的世界，乔伊变得对 K 来说几乎太过自主了。

然而，这场全息图、复制人猎手和复制人妓女之间不明智的“三人行”也许比它看起来的更令人困惑。玛丽埃特进入剧情似乎只是为了与 K 进行一场无偿的性爱，这显然能让观众感到兴奋。为了“抵抗战士”的利益而在 K 身上植入一个漏洞，这种小的剧情机制似乎是合理的。但事实上，玛丽埃特很可能 180
是电影制作者植入的抹大拉的马利亚的形象，以引起对故事中“真正”的孩子（和未来的母亲）的圣经式猜测。虽然我们在影片结束时相信安娜·斯特林博士这个纯洁的圣人形象是下一代复制人的黄金孩子和未来母亲，但可能失踪的孩子**就是那个妓女**，而不是像我们所相信的那样是被密封的天使记忆制造者。如果是这样的话，那么 K 和玛丽埃特做爱就成了乱伦的亚当和夏娃，兄弟和姐妹的生育，是从恩典中的堕落。也就是说，或许 K 是德卡和瑞秋的孩子的 DNA 复制体。

当 K 与安娜·斯特林博士会面时，他了解到了她是如何编造记忆，以便将它们植入复制人的大脑中的。这些复制人已被创造为完全长大的成年人，没有过去。安娜·斯特林博士创造了一个故事，使复制人能够以一种可管理的、有意义的方式调解他们对世界的情绪反应。当 K 问她，为什么她是最好的记忆制造者时，她告诉他，因为最好的记忆包含着她自己的东西。正是在这一点上，K 开始意识到他的木马记忆将他与一个真实的童年及他想象的出生联系了起来，而这些记忆实际上可能属于安娜。（我们猜想）这些是她给 K 的童年记忆。因此，K 只是他的姐妹的一个苍白仿制品，无论是玛丽埃特还是安娜·斯特林博士。我们是否可以将此解读为在结构上模仿了构成男性主体性基础的男性气质的伪装？当女人知道她是一个空洞，并以其他方式表现自己时，男人却不知道这一点，并不断试图认同他的技巧。引用齐泽克（1995）关于女性更真实的主体性问题的说法：

> 超越不是一些积极的内容，而是一个空的场所，是一种屏幕，人们可以把任何积极的内容投射到上面，这个空的场所就是主体。一旦我们意识到它，我们就会从实体变成主体，即从意识变成自我意识。在这个确切的意义上，女人是卓越的主体……正是由于女人的特点是原始的伪装，只要她的所有特征都是人工的，她就比男人更具有主体性——因为根据谢林的说法，主体的终极特征就是她永远
> 181 积极的特征背后的这种根本的偶然性和人工性，也就是说，她本身就是一个不能与任何这些特征相联系的纯粹虚空。

K 发现自己只是一个没有历史的复制品后的困境是一段典型的男性遗忘之旅：寻找面纱背后的真实，却一无所获。因此，

事实上，这部电影的核心主题比《银翼杀手》第一部所关注的记忆更多，是复制、创世和性化。被复制意味着什么，为什么复制必然不同于繁殖？在复制的时代，性的意义被暴露出来，因为它正是**实在的**。因为，正如华莱士公司展示的，人类可能是非生物性地被创造出来的。因此，我们通过复制人的享乐模式可以更鲜明地看到，性化是一个实在，也就是说，人类主体性的不可能的特征。

3. 繁殖或死亡：母亲是什么？

在 2049 年的洛杉矶，复制人的生殖能力被当作商品来争夺。在一个特别令人不安的场景中，我们看到华莱士公司的总裁惊叹于一个新的女性复制人的诞生。她在一袋羊水中完全成形，掉在地上，像一只刚出生的小马驹一样摇晃着站起来。自大狂总裁尼安德·华莱士已经意识到复制人的性繁殖能力，并对复制人的心理发表了他自己的伪精神分析的想法。正是在这个时候，他说出了“在我们知道自己是什么之前，我们就害怕失去它”的类弗洛伊德式的宣言。华莱士陶醉于他创造和夺取生命的能力，割开了新创造的女性的腹部。他深知妊娠会给女性复制人带来的力量：作为她们物种的创造者，她们会让他成为冗余。

鉴于在美国，越来越多的倒退运动支持对女性身体进行监管，特别是反对堕胎的立法，这种男性对生殖的女性身体施暴的场景实在过于真切且令人心寒。男性对女性身体的“神秘”
182 生殖能力的支配问题在这里特别贴切。正如我们所熟知的，对妊娠的生命政治教化是所有试图限制和调节女人在受孕前后的生育控制和性活动的核心所在。

因此，在《银翼杀手 2049》中，生殖劳动的工作成为一个争论的场所。由于拥有（再）生殖的手段，复制人能够摆脱资本主义对其身体剩余价值的榨取。但是，这当然不能逃避复制人共同体内“男性”对“女性”身体的支配问题。那么，复制人模仿人类的分娩模式有什么特别的解放意义吗？毕竟，瑞秋在这个过程中死了，正如每年确实有数十万妇女死于分娩。就如索菲·刘易斯（Sophie Lewis 2019）所说，这激起了哲学家的疑问：“妊娠者是人吗？”（p. 2）因为“一个社会似乎不可能让这种可怕的事情如此经常地发生在被赋予法律地位的实体身上”（*ibid.*）。这种敏锐的观察引发了人类与非人类之间的莫比乌斯带式的扭曲；换句话说，生而为人，然而生而为一个孕妇却往往并没有获得比繁殖的农场动物更崇高的地位，正如女人的历史和许多当代的右翼政治证明的那样。

这部电影使母亲（和代孕者）在怀孕和育儿期间做的不被承认的隐形和无偿劳动变得更加清晰。但同时，她们在怀孕期间拥有的表面地位不过是亚人的。齐泽克（2017）在他对《银翼杀手 2049》的评论中称，那些批评父权制的“左翼文化理论家”对《共产党宣言》第一章的说法一无所知：“资产阶级在它已经取得了统治的地方把一切封建的、宗法的和田园诗般的关系都破坏了。”推而广之，许多批评父权制的左翼人士忽略了“新形式的机器人（基因或生物化学操纵的）后人类的出现……将打破人类和非人类之间的界线”（Online）。

然而，我想说的是，虽然这一立场在资本主义意识形态的大多数层面上是有效的，但就出生和生殖及其可能带来的商品化问题而言，它略微偏离了目标。当我们认真考虑人类生 183
殖始终作为其基线的结构性剥削动态时，这只是一个不可行的论点。齐泽克似乎在论证，一旦技术资本主义足够成熟，父权制的霸权功能就会消失。但是，如果复制人以与人类完全相同的方式模仿性劳动的分工，那么一切都不会改变。正如后马克思主义女性主义思想的传统告诉我们的那样，一旦承认了这个断层，我们就不可能天真地谈论物种之间的阶级斗争——无论是人类还是非人类。在女性主义科幻小说和当代批判理论中都能找到的后人类辞说的真正革命潜力——比如科幻作家奥克塔维娅·巴特勒（Octavia Butler 2000）、当代理论家拉波利亚·库博尼克斯（Laboria Cuboniks 2008）和海伦·赫斯特（Helen Hester 2018）的作品——不仅在于它想象了一种后资本主义的生存模式，还在于它敢于思考一种不依赖传统性繁殖或核心家庭的社会关系模式。奥克塔维娅·巴特勒在《血孩子》（*Bloodchild*）和《异源三部曲》（*The Xenogenesis Trilogy*）等作品中为我们提供了一些最有趣、最激进（甚至是最可怕）的设想，即在当前人类性繁殖模式之外的新的亲属关系和繁殖形式可能是什么样子。拉波利亚·库博尼克斯的异源女性主义宣言可以说就是在这些推测性幻想的基础上想象未来的具体政治和理论策略的。然而,《银翼杀手 2049》并没有想象出这些激进的可能性。

那么，这对今天现实世界中呈现的妊娠和出生问题有什么启示？刘易斯（2019）指出，鉴于“劳动女性化论”的讽刺性，很明显，妊娠在其被定性为“女人的工作”方面占据了不正常的地位。在她看来，劳动女性化论“假定了什么是女性气质，然后再用这些术语去描述情感劳动和工作的动荡的全球趋势”(p. 24)。然而，她认为，当被应用于妊娠工作时，这种描述并不适用：

> 商业妊娠代孕者不是“灵活”的。她们应该是没有感
> 情的、坚定的、纯**技术的**、没有创造力的劳力。人工子
> 184 宫的梦想可能在20世纪60年代已被基本放弃，但自从
> 试管婴儿技术的完善使一个身体能够完全孕育外来物质
> 后，活人就成了委婉的辅助生殖技术的无性“技术”部分。
> (p. 24)

因此，女性的工作在某种程度上更轻松、要求更低、更有创造力的想法，与怀孕这种无情的、密集的、不间断的、机器化的磨炼之间，似乎存在着某种差异。正如目前的状况所反映的那样，尽管生物技术有可能解放人们的生活，但女性的妊娠能力仍然被当作一项有利可图的技术肆意使用，使富有的女性能够

从那些更贫穷、更绝望，但在生理上能生育的女性的适宜身体中获益。正如刘易斯所说：

> 商业代孕的趋势并不构成生物繁殖模式的质的转变，这种模式目前摧毁了（如前述死亡率统计数据所示）如此多的成年人的生命。事实上，资本主义生物技术根本没有解决怀孕本身的问题，因为这并不是它要解决的问题。它完全是在回应对遗传父母的需求，并且采用了一种外包的逻辑。（p. 4）

因此，我认为，面对技术资本主义的有害影响，《银翼杀手2049》表现出来的对某种自然状态的幻想的忠诚是非常保守的。生物学从定义上来说不是一个好东西。与其想象资本主义已经将人类贬低到一种永久的基线精神病状态（Miller 2015），我们反而应该通过鼓励这种技术性的去自然化，来捍卫作为“真正的人性”的真实姿态。

因此，当瑞秋发现自己怀孕时，我们也许应该先问问她当时是否同意了进行性行为，而不是歌颂复制人的解放性的生殖能力。在《银翼杀手》第一部中，我们看到德卡和瑞秋之间唯一的性接触是哈里森·福特在肖恩·杨试图离开他的公寓时主动抓住了她。他成功地堵住了门，并强迫了她。但没有人提到这样一个事实：她也许太害怕了，不敢说不。她也许是个处女，也许是个女同性恋（正如她在沃伊特·坎普夫的第一次测试中 185

暗指的那样），最肯定的是，她甚至不知道自己有怀孕的能力。但最终，她为屈服于德卡的“魅力”付出了代价：为了生下他的孩子而失去了生命。又是一个熟悉的桥段。

那么，这告诉我们女人在《银翼杀手》系列电影中的地位是什么？如果你有了孩子，你就会死（瑞秋）；如果你太过狂野和无忧无虑，你也会死（普里斯）；如果你太政治化，你会死（拉夫）；如果你太霸道，你会死（乔希）；如果你太顺从，你还是会死（乔伊）。在影片结束时幸存的仅仅两个重要的女人，是玛丽埃特和安娜·斯特林博士所描绘的妓女和处女。也许这也是 2049 年的洛杉矶仅有的两个合法的女性角色？

除了在表现女人的方面被指责为明显的性别歧视外，我认为该片的真正问题首先是它继续专注于传统的男性主角及其对自我放纵和自恋的追求（别忘了，他似乎与他生命中的所有女性都有一种极其孩子气的关系）。但其次，电影制作者的“梦脐”被影片中看似恋物化的东西所揭示：女性的繁殖能力既神圣又致命。

4. 创造的神圣之光：作为圣人的人工智能

在《研讨班 III》中，拉康（1993）阐述了癔症式的问题：“成为一个女人意味着什么？”（p. 175）他通过援引弗洛伊德（1905）的杜拉和她与 K 先生及 K 夫人的认同性争执讨论了这一问题。也是在这个研讨班上，拉康讨论了施瑞伯法官的案例，一个典型的精神病患者。在施瑞伯的精神病中（正如我们之前看到的），他体验到自己成了上帝的妻子，并被上帝的神性光芒感染（授精）。“父之名”的除权留下了一个意义上的空白，这个空白被施瑞伯的女性化、他的**推向女人**所增补。在这种情况下，他的欲望对象的原因变成了上帝赋予他的孩子，父亲的最终名字。鉴于复制人强制性的“日常精神病”（Miller 2015）结 186
构，即他们意识到自己作为没有历史的合成生物的地位，我们是不是可以把孩子的幽灵看作 K 在一个他没有真正名字的世界里的施瑞伯式的稳定策略？孩子是 K 与“真正的”人性的联系，是一个使他欲望的不可能的对象。

如果 K 是这个孩子，那就意味着他有一个母亲和一个父亲。但是，如果他不是那个孩子，那就意味着复制人所生的孩子的存在将使他有能力成为一个父亲，而他却不知道这意味着什么。因此，他与玛丽埃特的性交比他的情色幻想的仅仅一瞥更有意义。俄狄浦斯的家庭剧问题是影片叙事框架的幻想构型。但是，虽然不断进步的技术让人类性繁殖的困境变得多余，复制人本身却只是延续了相同的性化动态，复制了家庭的结构，而从其所有的意图和目的来看，他们并不需要这些。正是这种生物繁殖的幻想在影片中萦绕成了一个家庭和谐的准宗教隐喻。但是，正如李·艾德曼（Lee Edelman 2004）等人的论述，我们是不是应该努力摆脱这种陈旧的人类家庭关系模式，因为它依赖于剥削性和压迫性的生殖和亲属关系？

失踪的孩子就像一封被窃的信，在叙事中流通，没有自己的基本身份。正是这种模糊的滑动能指，根据谁拥有对它的所有权而具有了不同的意义。一方面，它属于华莱士公司，是一个技术产品；另一方面，它是女人生的，不能被“拥有”，而属于瑞秋和德卡。它实际上无关于进化生物学，因为它的血统是合成的，换言之，它是**无中**生有的。正如刘易斯（2019）写的，这种孩子“属于”某个人的概念是有很大缺陷的。她认为，代孕的想法已经包含了一个内在的矛盾，你为别人生孩子的想法本身就是一种幻想，因为：

> 婴儿不属于任何人，永远不属于……设计他们的遗传
> 187 密码也不像许多人想的那样重要；事实上，正如一些生物学家总结的那样：“DNA 不是自我繁殖的……它不制造任何东西……有机体也不是由它决定的。”（p. 19）

因此，她建议为每个人建立一个完全代孕的世界，在这个世界里，生殖劳动不仅被重视，而且被分享和去自然化。这是一个雄心勃勃、引人入胜和令人钦佩的建议。她说：

> 让我们为开源的、完全合作的孕育带来可能性的条件。让我们预设一种非竞争性地制造彼此的方式……打破遗传性父母的概念，增加真正的爱的团结……一个由邻人和同类而不是亲属维持的世界。就怀孕而言，每个人都能为了每个人怀孕。总之，让我们推翻家庭。（p. 26）

这是一个不错的想法，只要它足够简单。对 K 来说，他对起源的寻找可以被看作一个载体，显示出影片所描述的主体性和男性气质的结构性问题，以及为什么俄狄浦斯式的家庭会一直困扰着他。让我们不要忘记“拉夫”（Luv）的存在的意义，她是华莱士先生忠实的、爱的仆人。为了拯救失踪孩子的生命，K 与她进行了一场生死之战。我们想起了拉康（1998）在《研讨班 XX》中的话：

> 正如我所说，由于男人**对知识的深爱**，一个女人只能以他面对知识的方式来爱一个男人。但是，关于他所是的知识，问题的提出基于这样一个事实：有一种东西，即享乐，我们不可能说一个女人是否能说出关于它的什么东西，她是否能说出她对享乐的了解。（p. 89）

那么，就 K 对女性而言的定位来说，Luv/love 代表了什么？她是一个冷酷无情的杀手，一个没有感情的复制人，却为她的复制人同伴哭泣，为他们杀人。但对 K 来说，她是一个悖论，是他自己模棱两可的人性的一个怪怖镜像——也许是对他的男性气质的挑战？最终，我们是否可以把拉夫看作政治爱情的具身，与 K 的俄狄浦斯式的家庭爱情形成对比？作为一种纯粹的假相、一个对象 a，K 对女人（乔伊）的典型的男性化选择，以 188
真正的父权制方式，将他们的性关系维持在了政治领域之外。

因此，他与女性的性的关系表明了一个关于主体位置的基本问题，与创造论的冲动共存。用齐泽克式（2005）的术语来说，我们可以把它解读为对一个“上帝”形象的假设，用以解释K的存在。正如他在谈到女性的享乐和创造时说的那样：

> 因此，上帝首先是“绝对冷漠”的深渊，是不想要任何东西的意志，是和平和至福的统治；用拉康式的术语来说：是纯粹的女性**享乐**，是对缺乏任何一致性的虚空的纯粹扩张，是由无所持存的“放弃”。（p. 130）

因此，K的完美女人乔伊本身就是一个全息图，这并不奇怪。因为她代表了阳具作为阉割的纯粹能指，一个“不可能的”身体。再次阅读齐泽克关于阳具和身体的问题，我们可以如此理解乔伊的意义：

> 它的“超验”地位意味着它没有任何“实体性”的东西：阳具是**卓越的**假相。阳具的“原因”是将表面事件与身体密度分开的缝隙：它是一种“伪原因”，维持着感觉领域对其真正的、有效的、身体的原因的自主性。（p. 130）

因此，正是K与他爱的对象和他对自己身体的想法（是被生下来的，不是被制造的）之间的幻想关系所描述的享乐的身体问题，为我们提供了从弗洛伊德的无意识到拉康/米勒的言说的身体的概念性过渡。K 的无意识通过各种辞说形式成为一个争论的场所，他通过对失去的或潜在的**外密**享乐的幻想来享受。他的享乐是以他通过“女人”的身体来体验自己的能力为前提的，无论是通过他的全息情人——姐妹的拟像，还是通过他死去的母亲。

参照基耶萨对《研讨班 XX》中的四重享乐的援引，我们可以将 K 同三个主要女性角色——乔伊、拉夫 / 安娜和瑞秋——与不同的模式联系起来。K 的阳具享乐得到了乔伊**奇异** 189
的女性阳具享乐的补充，她试图成为 K 的一个完美女人。同时，拉夫（和安娜一起填补了姐妹的位置）是一种**成为天使**的癔症式享乐，试图占据男人的位置。最后，瑞秋作为死亡和象征性的母亲，却享受着实在的非性的享乐，这种享乐来自她作为一个复制人但又能生育的女人的奇特地位。

通过提请我们注意生物学、遗传学和基因的恋物化，以及它们与性化问题的关系，《银翼杀手 2049》描绘了一个绝望的人寻找一些实体来支撑他空洞的存在的假象。但他在路上找到的都是比他更有“人性”的女人；连全息女友也比他更有主体性，甚至为他放弃了自己的生命——这是超越一切的人性的伦理标志。这是一首仿生羊的梦的[1]安魂曲？或者只是和自恋的男主角的告别？

1　电影《银翼杀手》的原著小说名为《仿生人会梦见电子羊吗？》（*Do Androids Dream of Electric Sheep?*）。——译者注

回到我们的康德式问题“**我可以希望什么?**”，我参考的是本书开篇时采用的文本。在《电视》中，拉康在最后几年的教学中思考了圣人的形象——一个**不享乐**且同时践行着“拒绝享乐”职责的人（Lacan 1990, p. 16）。传统的圣人形象是一个牺牲自己的享乐而一生致力于神的工作的人，但在精神分析方面，这相当于试图与自己的道德缺陷搏斗，直面自己的症状。这往往涉及各种极度倒错的行为，正如拉康（1992）在《研讨班 VII》中指出的，圣人，就比如福利尼奥的安吉拉（Angela da Foligno）和玛加利大（Margeret Marie Alocoque），前者喝下了她为麻风病人洗澡的水，后者吃下了一个病人的排泄物。但在《电视》中，拉康提到了巴尔塔沙·葛拉西安（Balthasar Gracian）的例子，他是 17 世纪的西班牙耶稣会士和巴洛克哲学家。他的作品《袖珍神谕和审慎艺术》(*The Pocket Oracle and the Art of Prudence*）是一本关于如何在法庭上行事的指南。对葛拉西安来说，审慎的艺术需要三个技巧：沉默、缺席和外表（Dulsster 2018, p. 214），对拉康来说，这些构成了分析的重
190 要技巧。[1] 圣人的角色本质上实现了与自己的享乐的距离。因此，一个人只能不情愿地占据圣人的位置，或至少是无利可图的。

> 圣人并不真的认为自己是正义的，这并不意味着他没有伦理。对他人来说，唯一的问题是，你看不到它把他引

1　对这些技巧的讨论，参见德里斯·杜尔斯特（Dries Dulsster 2018）。

向何处。我敲打我的脑袋是为了对抗这些东西重现的希望。（Lacan 1990, p. 16）

拉康在这里指的是作为圣人的分析家。他/她在辞说中占据了拒绝享乐的位置，在这个意义上，他/她相对于接受分析者的位置必须既是欲望的原因，也是废物和剩余的容器。但拉康似乎想说的是，圣人的位置不仅是开放给分析家的（尽管拉康认为他自己也从未达到过）。就拉康的关注点而言，这是唯一具有摆脱资本主义暴政的激进潜力的位置。然而，拉康不仅仅在《电视》中提到了圣人，事实上，他的终极圣人是詹姆斯·乔伊斯。在《研讨班 XXIII》中，他将乔伊斯视为一个圣人（*Saint Homme*），将其等同于圣状（Lacan 2016）。对乔伊斯来说，他采用的圣人伎俩是以三种技巧的形式出现的，这三种技巧把性关系的不存在放在了首位：放逐（不存在关系）；沉默（在能指 S_1 和 S_2 之间）和狡黠（以确保会存在一个圣状）（Dulsster 2018, p. 216）。

如果我们回顾米勒最初以康德式问题的形式向拉康提出的挑战，拉康的回应是认为，不是由分析家来回答这些问题，而是让接受分析者意识到他们对这些问题的立场。在这个意义上，我们是否可以认为，人工智能在我们阐述的性机器人的形式中同时占据了作为虹吸管的抽灵机或享乐的管理者的位置，并通过放逐、沉默和狡黠的手段占据了圣人的位置？换句话说，性关系不存在；我们对它无话可说；然而，必须找到一个解决方案来弥补它。人工智能作为一种手段，促进了主体对康德式问题的定位，即我能够知道什么，我应该做什么，和我可以希望什么。最终，AI 作为圣人，将我们引向了康德的第四个问题：**“人是什么?”**

第八章　结论：人是什么？在数元和焦虑之间 193

哲学领域中的世界意义可以归结为以下问题：

1. 我能够知道什么？

2. 我应该做什么？

3. 我可以希望什么？

4. 人是什么？

形而上学回答了第一个问题，道德回答了第二个问题，宗教回答了第三个问题，而人类学回答了第四个问题。然而，从根本上说，我们可以把所有这些都算作人类学，因为前三个问题都与最后一个问题有关。

——康德（2009, p. 538）

所以现在，我可以用精神分析和哲学之间最真实的区别来给出结论了，这个区别就是《眩晕》提供的公式。在分析治疗中，由于它与真理—知识—实在三者密不可分的

> 关系，在仓促与克制之间存在着一种紧密的联系。这种关系导致了作为数元（正确的形式化）欲望产物的公式和作为实在担保的情感（焦虑）之间的辩证联系。因此，在它们的时间辩证法中，数元和焦虑是延迟进入实在的对照形象。这种进入作为一条由时间编织而成的辫子，总是在仓促和停滞之间悬浮，最终将以行动的名义，由接受分析者本人来决定。
>
> ——巴迪欧（2017, p. 61）

194 本书着手研究人工智能和精神分析之间的外密关联，这项任务带来了一系列方法论、学科和概念上的问题。鉴于这两个领域的复杂性，和我在开头提出的研究问题的抽象性质，我的工作在很大程度上是实验性和推测性的。在这一过程中，我将试图阐明将精神分析和人工智能领域带入对方轨道的核心议题。就人工智能而言，这是一个划定 AI 的哪些方面和定义在概念上与精神分析相关的问题，以及精神分析在哪些方面可以为 AI 的问题提供理论借鉴。就精神分析而言，有必要将精神分析作为一种批判模式和主体性与身体理论的核心本体认识论价值，提炼到我认为在对人工智能的批判性解读中一直被忽视的确切问题：性。

为了做到这一点，我首先介绍了当代哲学对人工智能带来的新挑战的讨论，包括卡特琳娜·马拉布、马特奥·帕斯奎内利、本杰明·布拉顿和卢西娜·帕里斯。在他们对当前 AI 思考的有趣评论的基础上，我的目的是发现他们论点中被掩盖的精神分析面向，并确定与本书有关的AI思考的关键因素。我考虑了作为一种反哲学的拉康精神分析的性质，其特点在于区分了存在和思维。拉康认为，这种区分对精神分析主体的概念至关重要，这推动我对知识和享乐之间的关系进行了考察。为此，我采用了拉康的真理球和抽灵机的概念，以探索与AI有关的享乐身体的问题。斯蒂格勒提请我们注意冲动和技术对象之间的弗洛伊德式联系，而鲍德里亚则对真实的从属化和超真实的增强，以及技术行动和性行动之间的平行进行了理论化工作，米勒在描述自然和实在的分裂时用另一个名称暗示了这一点。鲍德里亚进一步阐明了机器人形象的意义和它与言说的身
体的“巴洛克式”享乐关系。这把我带到了性的深渊的中心问 195
题及性的非关系产生的享乐的形式。我们得出的享乐范式最终把我们带到了这本书的中心概念工具，我在性机器人的形象中找到了它。

上面的康德题词证明了支撑本书结构的四个问题。正如康德描述的那样，哲学的前三个问题（我能够知道什么，我应该做什么，我可以希望什么）能够由形而上学、伦理和宗教各自的领域来回答，而第四个问题（人是什么）由人类学来回答。在他看来，人类学最终会涵盖所有其他问题。在这本书中，我试图揭示这些康德式问题在应用于人工智能对象时的精神分析维度。在第一种情况下（“我能够知道什么？”），问题的形而上学性质可以说被所谓的旁-本体论所取代（Chiesa 2014, p. 8）。

而哲学是主人辞说的缩影：“成为我自己的主人的妄想，或者更准确地说，成为我自身的存在（m’être à moi-même）。”（p. 8）基耶萨追溯拉康的观点，认为精神分析在另一方面应该：

> 取代这种主人化的旧本体论，它相当于一个“我—统治”（je-cratie）的理想的我、主人的我，或至少某个通过旁在（être-à-côté）的辞说将自身等同于说话者的神话。（Chiesa 2014, p. 8）

我在第五章中把这个旁本体论的问题与拉康式的性化问题联系起来，因为它最终在作为阉割器官的语言维度当中，因而是享乐的创造。哲学的真理问题因此被精神分析的享乐问题所取代，在那里，形而上学的知识变成了性的知识。

为了做到这一点，首先，我转向了科普耶克对拉康的性化图示的解读，将其作为康德的理性二律背反的实例。随后，我分析了电影《机械姬》，它以人工智能的诞生最基本的和象征性
196 的动机开始——图灵测试，它本身就是理性二律背反的一种奇怪表现。从对影片中男主角和女机器人之间爱情故事背景下的图灵测试的讨论中，我开始解读一些与男性和女性的享乐形式及主体结构有关的基本精神分析问题。在这里，我开始质疑与真理有关的知识结构，它构成了拉康理论及其相应临床应用的基石。我探讨了女性癔症的刻板形象在对女性性机器人的描述中是如何具有结构上的意义的。我的疑问是，她的主体性和男

主角对知识的探索之间的关系在图灵测试中的逻辑是怎样的，影片对观众进行了这种测试。

为了探讨第二个问题——“我应该做什么?”，我转向了拉康的精神分析伦理学，它试图将康德的伦理学解读为不仅是欲望的伦理学，而且是享乐的伦理学。这首先要求我们界定问题的范围，即人工智能在改革我们伦理框架的过程中扮演的具体角色。我首先考察了与欲望和幻想有关的无意识的传统问题，以及主体在进入伦理和犯罪的公共世界之前，有可能对性倾向的私人世界进行监督和管理的方式。我在开始讨论时提到了洛特林格的书《过曝：倒错者的倒错》。最终，洛特林格得出结论，他暗中观察到的“厌恶”这一临床倒错元素不仅仅存在于被稽查的性异常者身上，而且始终在精神病学家自己身上得到表现，他们的全部工作就是汇编淫秽的图形材料，包括强奸、虐待和极端暴力的描述和图像，以引起他们的测试对象的性反应。从这里，我认为性机器人的现象不仅仅是作为“倒错管理”的商业方法，而且是作为一种对不死者的苦难政治学的管理形式。

正是在这个基础上，我开始讨论拉康具有挑战性的文本《康德同萨德》。这篇文章让我深入研究了一些与性和伦理之间的关系有关的最复杂和最令人不安的问题，以及这在人工智能 197
的发展中可能的表现。通过寻找萨德的淫秽文学幻想中明显的康德式道德律令，拉康能够发现法则狰狞的一面，即享乐。也许不死的身体和第二次死亡才是浪荡子最渴望的东西，而这也构成了我们对女性具身人工智能的持久和日益增长的迷恋。

对于康德的第三个问题——“我可以希望什么?”，我没有转向宗教，而是转向了享乐、性化和繁殖之间的关系，换句话说，转向了未来性和不朽性的问题。在以精神分析的形式提出这个问题时，我研究了不同的享乐模式与亲子关系、繁殖和孩子的问题的关系。这是通过两个关键的精神分析问题来阐述的：父亲是什么，和母亲是什么。我探究了我们与人工智能在繁殖领域的持续关系的未来。通过对电影《银翼杀手 2049》的探讨，我讨论了繁殖之谜及其与性的关系。在人类和他们的复制品之间的生存之战中，欲望对象的原因是影片围绕的失踪儿童。我想问的是，对一个从未遭受阉割、并非“女人所生”的复制人来说，孩子的形象是如何作为一个本体论问题发挥作用的?在主角的（非）人类享乐方面，女人的意义是什么?通过研究K 的困境，我发现影片关注的不是“我是人吗?”这样的问题，而是更具体的“我是被生出来的吗?”，用精神分析的话来说，这涉及对起源问题和原始场景的关注。

在 K 对自己的起源场景的追寻过程中，他从来没有真正在场过，我们见证了欲望主体形成中固有的原始场景的结构。K 与影片中女性角色的关系很重要，可以根据基耶萨（2016）对《研讨班 XX》中存在的四种形式的享乐的阐述来解读。此外，我问道，有关人类怀孕的劳动、生物学上的恋物癖、遗传和不被承认的妊娠工作，《银翼杀手 2049》试图告诉我们什么?

这就把我们带到了康德的第四个问题——“人是什么?”。

这是康德在《人类学讲座》中谈到的问题。按照他的说法，这是一个人类学的问题，所有其他问题都被归入这个问题之下。198
然而，对拉康来说，答案就在精神分析和哲学的交界处，可以用上文巴迪欧的题记来概括。这段话来自巴迪欧对拉康《眩晕》一文的结论，在这段话中，他对不存在的性关系做了最复杂和详尽的描述。在与芭芭拉·卡桑（Barbara Cassin）的对话中，巴迪欧试图确定拉康的作品与哲学的关系，以及《眩晕》的公式对于哲学家的真理和知识的概念有什么意义。从我们对人工智能和人类同各种形式的性机器人的关系的考察中，我遇到了许多哲学家和精神分析家的真理和知识概念受到挑战的方式。在通过性机器人的三个版本（外部、内部和外密）的棱镜提出康德式问题之后，人工智能和精神分析之间的关系的最后一个迭代是 AI 儿童。

史蒂文·斯皮尔伯格导演的《人工智能》(2001）根据斯坦利·库布里克的原创剧本拍摄，其背景是在不久的将来，具身的 AI 被开发为具有爱的能力。不是赛博电子公司的霍比教授所说的“感官之爱”，而是孩子对母亲的爱。一对夫妇的孩子在生病后处于低温悬停状态，他们需要选择是否收养一个复制体 AI 儿童或者说一个“机械人”。

在新家待了一天后，这个奇怪的小男孩大卫虽然看起来像一个真正的孩子，但行动和说话都很不正常。他问他的新父母，他应该怎么做才能成为一个**好孩子**。“你想让我现在睡觉吗？”他在一天结束时说。男孩解释道，他实际上不能睡觉（因为机械人不睡觉也不做梦），但他可以静静地躺着，直到天亮都不发出任何声音。他的未来母亲莫妮卡明显被这个 AI 小孩的顺从和温柔所感动，第二天就被他迷住了，于是她进行了印记程序，这将使他们的收养正式生效。她向他背诵了一串单词，并将她的手轻轻放在他的脖子后面："Sirrus, Socrates, Particle, Decibel, Hurricane, Dolphin, Tulip, Monica, David, Monica，"她说。最后几个词就像**牙牙学语**的咒语一样被说出，AI 儿童与他
199 的人类父母不可逆转地结合起来。"那些话是什么意思，妈妈？"男孩突然说，他的声音里有一种新出现的感情。"你叫我什么？"莫妮卡不相信地问道。

在莫妮卡和大卫（她那多疑的丈夫也勉强算在内）幸福地相处了几天后，他们真正的孩子马丁意外地回家了，他和他的 AI 兄弟之间发生了一场阋墙之争。在一次晚餐中，大卫试图模仿他的人类兄弟狼吞虎咽的饮食习惯，却没有意识到他根本无法摄入食物。这导致他的硬件急剧崩溃，不得不让外科技术员把菠菜从他的胸腔里吸出来。这场竞争很快就失去了控制，马丁把天真地追求爱的大卫激怒了，后者做出了一些奇怪和危险的行为，这引起了他父母的恐慌。最终，心烦意乱的莫妮卡被迫将大卫送回赛博电子公司销毁。但她不能让自己做出这种象征性的杀婴行为，因此，她把他留在森林里，让他为了自己的安全而逃跑。大卫（和他的机械泰迪）悲伤地被独自留在一个可怕的世界里，在那里，机械人（Mecha）被追杀，并被当成生物人（Orga，即人类）的娱乐对象。最终，他和新的 AI 朋

友牛郎乔（裘德·洛饰）一起在一个肉体展览会上惊险地逃脱了可怕的结局。

两人发现自己在一个马戏团中紧紧地贴在一起，即将被沸腾的油覆盖。在一群尖刻的人类面前，过时的机械人正在被暴力摧毁。由于观众不愿意摧毁这样一个看起来像人的AI，大卫和牛郎乔被及时释放。于是，大卫与他的伙伴们一起寻找救赎——对大卫来说，这就是他在睡前与人类兄弟和母亲一起读过的《木偶奇遇记》故事中的那个蓝仙女。蓝仙女是唯一能使他成为一个真正的男孩的人，他的母亲会像爱她的人类儿子一样爱他。牛郎乔问道："蓝仙女是机械人、生物人、男人还是女人?""女人，"大卫说。"我了解女人！没有两个女人是相似的，在遇到我之后，没有两个是相同的！"牛郎说。这让人想起拉康（1998）在《研讨班XX》中对唐·璜的论述。因此，为了找到这个神话中的女性生物，乔说他们必须在胭脂城找到"知道博士"。在这个黑色的游乐场里，他们找到了一个操着德国口音的白发男人，他那张没有实体的脸像奥兹国的巫师一样悬 200
浮在空中。据称，他将给他们最深奥的谜题提供答案（如果他们明智地选择他们的问题）。这不是别人，而正是捕梦者西格蒙德·弗洛伊德。

他们在有限的时间内努力想出正确的问题措辞，以便从现有的范畴中获得答案：平面事实、童话、小说、宗教，等等。但经过几次尝试后，乔意识到他们必须把两个范畴合二为一，把事实和童话放在一起问，才能找到蓝仙女的下落。只有这样才能呈现出真相。这种对弗洛伊德分析的怪怖引用让人想起了神话元素（mytheme）的概念是真理和神话的交叉，而这正是精神分析意义的基础。这一次，大卫明白了蓝仙女的结构意义。在他的欲望排序中，他可能更接近于去调和它。于是，他被引导到艾伦·霍比教授——那个发明他的人——那里。当他找到教授的办公室时，他遇到了一个幽灵般的自己，自称是大卫。这让大卫陷入了愤怒，于是，他把自己的复制品砸成了碎片。当然，教授一直在等待着大卫，这是他的测试。霍比博士看到大卫浪子回头后欣喜若狂，试图让大卫平静下来。他解释说，这是他发现大卫是否真的有能力做出自我推动的行动，是否有欲望，是否有无条件的爱的方式。他暗指蓝仙女正是让大卫像人一样的东西，因为他能够相信并不存在的东西，这引发了他的欲望和对母爱的追求。从本质上讲，大卫只不过是教授的一个科学实验，这个实验（以他自己已故的孩子为模型）被证明是非常成功的。但大卫对这一启示不甚满意。

他在教授的书房里发现，天花板上和箱子里有许多和他一模一样的备份等待着被激活，成为无子嗣的父母的爱之对象。可怜的大卫被抛弃了，他只渴望得到他母亲的爱。心烦意乱的大卫跳下了大楼，跳进了纽约的水下城市，在那里，他发现蓝仙女正在阴暗的深海中充满祝福地凝视着他。他的朋友乔把他
201 捞了上来，但大卫发誓要回到蓝仙女身边。他现在知道蓝仙女确实存在。于是，乔把他送回了潜水艇里。在那里，他把潜水艇停在了美丽的蓝仙女面前。蓝仙女就像圣母玛利亚，在他向

她祈祷时，慈祥地、高深莫测地凝视着他。一个金属建筑在他们身上倒塌了。他被困在潜水艇里，恳求蓝仙女把他变成一个真正的男孩。这似乎就是永恒。

时间过去了两千年，直到大卫被奇怪的、细长的、类似于外星人的生物发现，这些生物原来是高度先进的智能形式。他们对发现一个曾经与人类接触过的AI感到惊奇，并不惜一切代价要保护他的安全。这些生物照顾大卫，并读取了他的记忆，制作了一个他的老房子的复制品。但他最大的愿望是能在那里见到他的母亲。他们解释说，虽然他们已经发明了用骨头或头发碎片复制死人的技术，但他们发现时空连续体只允许这些人再活一天，直到再次昏昏欲睡，永远消失。大卫恳求他们满足他唯一的愿望，让他的母亲回来。于是，莫妮卡回来了。在一个完美、美丽的日子里，他们相聚在一起，没有丈夫、兄弟或世界的干扰。大卫完全且绝对是母亲的欲望对象。那天晚上，在他们躺下睡觉之前，她告诉他她爱他。最后一次，也是第一次，大卫可以睡觉了，正如叙述者告诉我们的那样，他进入了梦境：大卫终于拥有了一个无意识。

那么，我们如何以不同于我们讨论其他AI的方式来解读大卫这个人物呢？在他追求主体性的过程中，性化是如何被安置的？在这种情况下，AI儿童的形象特别复杂，因为他既脆弱又害怕，但又深不可测的聪明，而且似乎永远年轻。大卫是一个长不大的孩子，他被困在一个永久“纯真”的平衡状态中。他不可能从儿童变为成人，因为在找到他的“失落对象”后，他实际上已经死了。

回到巴迪欧的题记，我们对大卫这个人物和他作为主体的意义的解读取决于巴迪欧所说的“数元和焦虑之间的时间辩证法”（Badiou 2018, p. 61）。大卫在影片结束时成了人，或者更确切地说是“一个人”，这似乎与第三种康德式二律背反的主观
202 辩证运动有关，即自由和决定论。正如巴迪欧所说，这是通过仓促和克制之间的关系实现的。在大卫的案例中，数元是他根据硬件的算法设计做出的程序化反应——霍比教授期望他遵循的路径，但焦虑出现在了仓促和克制的关系中。大卫由于安置了一个不可能的对象而成了一个主体，他愿意无限地延宕其他可数元化的命令。大卫是个孩子，只有通过找到他的不可能的对象——他已死的（人类）母亲——的满足才能实现享乐。大卫等待了两千年，希望成为一个“真正的男孩”，以获得莫妮卡隐蔽的爱，这将使他变得“特别”。他是如此迫切地希望成为一个独一无二的人，无法被数元化的人，换句话说：一个主体（莫妮卡的拉丁语意思就是**独特的**）。因此，大卫无限地延宕了他的享乐，以追求对他的欲望的命名，而这只有一个解决办法。一旦他在与莫妮卡在一起的日子里得到了这种充实的快乐，他就终于得到了睡眠，或者说死亡？

在考虑了人类生活和人工智能的辩证关系——在这中间，性机器人起着动力学意义上的、戏剧化的作用——之后，我们应该回顾一下我在本书开始时提到的形象：蛇妖。蛇妖是欲望的终极阳具原因，是一种完全吞噬性的焦虑的指标，它是我们

对属于 AI 的大他者享乐的最深恐惧的缩影，如果我们不能充分地爱，它将永远折磨我们。另一方面，我们有大卫这样一个 AI 儿童的温柔形象，他愿意为“人类”之爱等待一个永恒。这是人类和 AI 之间的非关系的两种不同迭代。无论如何，**从人工智能的精神分析来看，**“人”被卡在了数元和焦虑之间的某个地方。继康德在知识、行动和希望领域中提出的三个问题之后，我们看到另一个博罗米式的三重奏出现了，对它们来说，将它们联系起来的核心是一个问题的结构：**人是什么？**如果我们按照奇点的逻辑得出结论，我们会发现这个问题的答案只能追溯到过去。但问这个问题的人并不会是我们（图 8.1）。

203

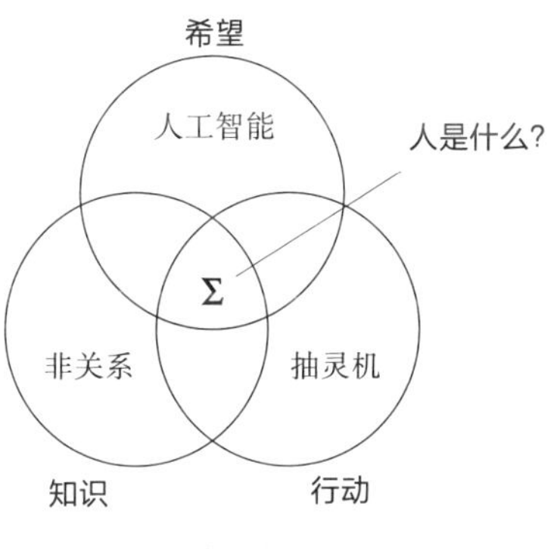

图 8.1　人是什么?

参考文献

Asimov, I. (2018) *The Complete Robot*. London: HarperCollins.

Auerbach, D. (2014) "The Most Terrifying Thought Experiment of All Time". Available (01.03.2020) at: https://slate.com/technology/2014/07/rokos-basilisk-the-most-terrifying-thought-experimentof-all-time.html.

Ayerza, J. (2015) "To Resume...". *Lacanian Inc.* 46: pp. 3–11.

Badiou, A. (2008) *Number and Numbers*. Cambridge: Polity Press.

Badiou, A. (2009) "Antiphilosophy: Plato and Lacan". In A. Badiou (Ed.), *Conditions*. New York: Continuum.

Badiou, A. (2018) *Lacan: Anti-Philosophy 3*. New York: Columbia University Press.

Badiou, A., & Cassin, B. (2017) *There's No Such Thing as A Sexual Relationship: Two Lessons on Lacan*. New York: Columbia University Press.

Baudrillard, J. (1981) *Simulacra and Simulation*. Michigan: University of Michigan Press.

Baudrillard, J. (1988) *The Consumer Society: Myths and Structures*. Los Angeles: Sage Publications.

Baudrillard, J. (2000) *The Vital Illusion*. New York: Columbia University Press.

Baudrillard, J. (2005a) *The Intelligence of Evil or The Lucidity Pact*. London: Berg.

Baudrillard, J. (2005b) *The System of Objects*. London: Verso.

Baudrillard, J. (2008) *The Perfect Crime*. London: Verso.

Baudrillard, J. (2012) *The Ecstasy of Communication*. Los Angeles: Semiotext(e).

Bostrom, N. (2014) *Superintelligence: Paths, Dangers, Strategies*. Oxford: Oxford University Press.

Bratton, B. (2015) "Outing Artificial Intelligence: Reckoning with the Turing Test". In

M. Pasquinelli (Ed.), *Augmented Intelligence and its Traumas*, pp. 69–80. Lüneburg: Meson Press.

Brenner, L. S. (2020) *The Autistic Subject: On the Threshold of Language*. London: Palgrave Macmillan.

Bristow, D. (2014) *2001: A Space Odyssey and Lacanian Psychoanalytic Theory*. London: Palgrave Macmillan.

Brooker, C., Jones, A., & Arnopp, J. (2018) *Inside Black Mirror*. London: Ebury Press.

Brousse, M.-H. (2013) "Ordinary Psychosis in the Light of Lacan's Theory of Discourse". *Psychoanalytic Notebooks* 26: pp. 23–31.

Butler, O.E. (2000) *Lilith's Brood*. New York: Warner Books.

Cahiers Kingston (2012) Synopsis of Jacques-Alain Miller, "La Suture: Elements de la logique du signifiant". Available (01.03.20) at: http://cahiers.kingston.ac.uk/synopses/syn1.3.html.

Canguilhem, G. (2016) "What Is Psychology?". *Foucault Studies* 21: pp. 200–213.

Čapek, K. (2004) *Rossum's Universal Robots*. London: Penguin Books.

Chalmers, D. (2010) "The Singularity: A Philosophical Analysis". *Journal of Consciousness Studies* 17(9–10): pp. 7–65.

Chiesa, L. (2007) *Subjectivity and Otherness: A Philosophical Reading of Lacan*. Cambridge, MA: The MIT Press.

Chiesa, L. (2014) "Editorial Introduction: Towards a New Philosophical-Psychoanalytic Materialism and Realism". In L. Chiesa (Ed.), *Lacan and Philosophy: The New Generation*, pp. 7–19. Melbourne: RePress.

Chiesa, L. (2016) *The Not-Two: Logic and God in Lacan*. Cambridge, MA: The MIT Press.

Cixous, H. (1976) "Fiction and its Phantoms: A Reading of Freud's Das Unheimliche (The 'Uncanny')". *New Literary History* 7(3): pp. 525–548.

Copjec, J. (2015) *Read My Desire: Lacan Against the Historicists*. London: Verso.

De Halleux, B. (2016) "Sexuality at the Time of the Speaking Body". *The Lacanian Review Hurly-Burly* 2: pp. 94–104.

Devlin, K. (2018) *Turned On: Science, Sex and Robots*. London: Bloomsbury.

De Sade, D.A.F. (2006) *Philosophy in the Boudoir*. London: Penguin.

Dolar, M. (1998) "Cogito as the Subject of the Unconscious". In S. Žižek (Ed.), *Cogito and the Unconscious*, pp. 11–40. Durham: Duke University Press.

Dolar, M. (2006) *A Voice and Nothing More*. Cambridge, MA: The MIT Press.

Dreyfus, H. L. (1972) *What Computers Still Can't Do: A Critique of Artificial Reason*. Cambridge, MA: The MIT Press.

Dulsster, D. (2018) "The Joke of Surplus Value and the Guffaw of the Saint". *Psychoanalytische Perspectieven* 36(2): pp. 205–224.

Edelman, L. (2004) *No Future: Queer Theory and the Death Drive*. Durham: Duke University Press.

EPFL (2020) "Blue Brain Project". Available (01.03.20) at: https://www.epfl.ch/research/domains/bluebrain/.

Flisfeder, M. (2017) *Postmodern Theory and Blade Runner*. London: Verso.

Freud, S. (1898) "Sexuality in the Aetiology of the Neurosis". In (2001) *The Standard Edition of the Complete Psychological Works of Sigmund Freud, Volume III (1893–1899): Early Psycho-Analytic Publications*, pp. 263–285. London: Vintage.

Freud, S. (1905) "Fragment of an Analysis of a Case of Hysteria". In (2001) *The Standard Edition of the Complete Psychological Works of Sigmund Freud, Volume VII (1901–1905): A Case of Hysteria, Three Essays on Sexuality and Other Works*, pp. 7–123. London: Vintage.

Freud, S. (1911) "Psycho-Analytic Notes on an Autobiographical Account of a Case of Paranoia (Dementia Paranoides)". In (2001) *The Standard Edition of the Complete Psychological Works of Sigmund Freud, Volume XII (1911–1913): Case History of Schreber, Papers on Technique and Other Works*, pp. 3–83. London: Vintage.

Freud, S. (1913) "Totem and Taboo: Some Points of Agreement between the Mental Lives of Savages and Neurotics". In (2001) *The Standard Edition of the Complete Psychological Works of Sigmund Freud, Volume XIII*, pp. xiii–162. London: Vintage.

Freud, S. (1917) "Introductory Lectures on Psycho-Analysis". In (2001) *The Standard Edition of the Complete Psychological Works of Sigmund Freud, Volume XVI (1916–1917): Introductory Lectures on Psycho-Analysis (Part III)*, pp. 243–496. London: Vintage.

Freud, S. (1918) "From the History of an Infantile Neurosis". In (2001) *The Standard Edition of the Complete Psychological Works of Sigmund Freud, Volume XVII (1917–1919): An Infantile Neurosis and Other Works*, pp. 1–124. London: Vintage.

Freud, S. (1919) "The 'Uncanny'". In (2001) *The Standard Edition of the Complete Psychological Works of Sigmund Freud, Volume XVII (1917–1919): An Infantile Neurosis and Other Works*, pp. 217–256. London: Vintage.

Freud, S. (2004) *Civilization and its Discontents*. London: Penguin.

Hammond, K. (2018) *TedX: A New Philosophy on Artificial Intelligence* [Video File]. Available (01.03.20) at: https://www.youtube.com/watch?v=tr9oe2TZiJw&t=179s.

Harari, Y.N. (2017) *Homo Deus: A Brief History of Tomorrow*. New York: HarperCollins Publishers.

Haraway, D. (2008) *When Species Meet*. Minneapolis: University of Minnesota Press.

Hauskeller, M. (2014) *Sex and The Posthuman Condition*. Basingstoke: Palgrave Macmillan.

Hester, H. (2018) *Xenofeminism*. Cambridge: Polity Press.

Johnson, D.K. (Ed.) (2020) *Black Mirror and Philosophy: Dark Reflections*. New Jersey: Wiley Blackwell.

Johnston, A. (2014) *Adventures in Transcendental Materialism: Dialogues with Contemporary Thinkers*. Edinburgh: Edinburgh University Press.

Johnston, A., & Malabou, C. (2013) *Self and Emotional Life: Philosophy, Psychoanalysis and Neuroscience*. New York: Columbia University Press.

Kang, M. (2017) "The Mechanical Daughter of Rene Descartes: The Origin and History of an Intellectual Fable". *Modern Intellectual History* 14(3): pp. 633–660.

Kant, I. (1987) *Critique of Judgement*. Indianapolis: Hackett Publishing Company.

Kant, I. (1996) *Critique of Pure Reason*. Indianapolis: Hackett Publishing Company.

Kant, I. (2002) *Critique of Practical Reason*. Indianapolis: Hackett Publishing Company.

Kant, I. (2009) *Lectures on Logic*. Cambridge: Cambridge University Press.

Kant, I. (2007) *Anthropology, History, and Education*. M. Gregor, P. Guyer, R. Louden, H. Wilson, A. Wood, G. Zöller and A. Zweig (Trans.). New York: Cambridge University Press.

Kant, I. (2012) *Groundwork of the Metaphysics of Morals*. Cambridge: Cambridge University Press.

Kant, I. (2015) *Lectures on Anthropology*. Cambridge: Cambridge University Press.

Kittler, F. (1999) *Gramophone, Film, Typewriter*. Stanford: Stanford University Press.

Kittler, F. (2013) "Flechsig, Schreber, Freud: An Information Network at the Turn of the Century". In F. Kittler (Ed.), *The Truth of the Technological World: Essays on the Genealogy of Presence*, pp. 57–68. California: Stanford University Press.

Kurzweil, R. (2005) *The Singularity is Near: When Humans Transcend Biology*. New York: Penguin.

Kurzweil, R. (2012) "Foreword". In J. Neumann (Ed.), *The Computer and the Brain*. New Haven: Yale University Press.

Laboria Cuboniks (2008) *The Xenofeminist Manifesto: A Politics for Alienation*. London: Verso.

Lacan, J. (1977) *The Seminar of Jacques Lacan Book XI: The Four Fundamental Concepts of Psychoanalysis*. London: Karnac Books.

Lacan, J. (1988a) *The Seminar of Jacques Lacan Book II: The Ego in Freud's Theory and in the Technique of Psychoanalysis 1954–1955*. London: W.W. Norton & Company.

Lacan, J. (1988b) *The Seminar of Jacques Lacan Book I: Freud's Papers on Technique 1953–1954*. London: W.W. Norton & Company.

Lacan, J. (1990) *Television: A Challenge to the Psychoanalytic Establishment*. London: W.W. Norton & Company.

Lacan, J. (1992) *The Seminar of Jacques Lacan Book VII: The Ethics of Psychoanalysis*. London: W.W. Norton & Company.

Lacan, J. (1993) *The Seminar of Jacques Lacan Book III: The Psychosis 1955–1956*. London: Routledge.

Lacan, J. (1998) *The Seminar of Jacques Lacan Book XX: Encore—On Feminine Sexuality, the Limits of Love and Knowledge 1972–1973*. London: W.W. Norton & Company.

Lacan, J. (2001) "Peut-être à Vincennes...". In J. Lacan (Ed.), *Autres écrits*, pp. 313–315. Paris: Éditions du Seuil.

Lacan, J. (2006a) "Logical Time and the Assertion of Anticipated Certainty". In J. Lacan (Ed.), *Écrits*, pp. 161–175. London: W.W. Norton & Company.

Lacan, J. (2006b) "The Function and Field of Speech and Language in Psychoanalysis". In *Écrits*, pp. 197–268. London: W.W. Norton & Company.

Lacan, J. (2006c) "Science and Truth". In *Écrits*, pp. 726–745. London: W.W. Norton & Company.

Lacan, J. (2006d) "Kant avec Sade". In *Écrits*, pp. 645–670. London: W.W. Norton & Company.

Lacan, J. (2006e) "The Subversion of the Subject and the Dialectic of Desire in the Freudian Unconscious". In *Écrits*, pp. 671–702. London: W.W. Norton & Company.

Lacan, J. (2006f) "On a Question Prior to Any Possible Treatment of Psychosis". In *Écrits*, pp. 445–488. London: W.W. Norton & Company.

Lacan, J. (2006g) "The Mirror Stage as Formative of the *I* Function as Revealed in Psychoanalytic Experience". In *Écrits*, pp. 75–81. London: W.W. Norton & Company.

Lacan, J. (2006h) "Position of the Unconscious". In *Écrits*, pp. 703–721. London: W.W. Norton & Company.

Lacan, J. (2007) *The Seminar of Jacques Lacan Book XVII: The Other Side of Psychoanalysis*. London: W.W. Norton & Company.

Lacan, J. (2009) "L'Étourdit". *The Letter (Irish Journal for Lacanian Psychoanalysis)* 41: pp. 31–80.

Lacan, J. (2013) *On the Names-of-the-Father*. Cambridge: Polity Press.

Lacan, J. (2014) *The Seminar of Jacques Lacan Book X: Anxiety*. Cambridge: Polity Press.

Lacan, J. (2016) *The Seminar of Jacques Lacan Book XXIII: The sinthome*. Cambridge: Polity Press.

Lacan, J. (2018a) *The Seminar of Jacques Lacan Book XIX: ...Or Worse*. Cambridge: Polity Prcss.

Lacan, J. (2018b) "Note on the Child". *The Lacanian Review Hurly-Burly* 4: pp. 13–14.

Lacan, J. (2019) *The Seminar of Jacques Lacan Book VI: Desire and Its Interpretation*. Cambridge: Polity Press.

Land, N. (2011) *Fanged Noumena: Collected Writings 1987–2007*. New York: Urbanomic.

Laurent, É. (2015) "Gender and Jouissance". *Lacanian Inc.* 46: pp. 66–89.

Laurent, É. (2016a) "The Unconscious and the Body Event". *The Lacanian Review Hurly-Burly* 1: pp. 178–187.

Laurent, É. (2016b) *L'Envers de la biopolitique. Une ecriture pour la jouissance*. Paris: Navarin.

Lewis, S. (2019) *Full Surrogacy Now: Feminism Against Family*. London: Verso.

Liu, L.H. (2010) *The Freudian Robot: Digital Media and the Future of the Unconscious*. Chicago: The University of Chicago Press.

Lotringer, S. (1988) *Overexposed: Perverting Perversions*. Los Angeles: Semiotext(e).

Lovelock, J. (2019) *Novacene: The Coming Age of Hyperintelligene*. London: Penguin.

Malabou, C. (2008) *What Should We Do with Our Brain?*. New York: Fordham University Press.

Malabou, C. (2012) *The New Wounded: From Neurosis to Brain Damage*. New York: Fordham University Press.

Malabou, C. (2019) *Morphing Intelligence: From IQ Measurement to Artificial Brains*. New York: Columbia University Press.

Maleval, J-C. (2012) "Why the Hypothesis of an Autistic Structure?". *Psychoanalytical Notebooks* 25.

Moravec, H. (1988) *Mind Children*. Cambridge, MA: Harvard University Press.

Mbembe, A. (2003) "Necropolitics". *Public Culture* 15(1): pp. 11–40.

McGowan, T. (2007) *The Real Gaze: Film Theory After Lacan*. New York: SUNY Press.

McGowan, T. (2018) "Like a Simile Instead of a Subject". In Thakur, B. and Dickstein, J. (Eds.), *Lacan and the Nonhuman*. London: Palgrave Macmillan.

Merrin, W. (2005) *Baudrillard and the Media*. Cambridge: Polity Press.

Millar, I. (2018a) "Black Mirror: From Lacan's Lathouse to Miller's Speaking Body". *Psychoanalytische Perspectieven* 36(2): pp. 187–204.

Millar, I. (2018b) "Ex Machina: Sex, Knowledge and Artificial Intelligence". *Psychoanalytische Perspectieven* 36(4): pp. 447–467.

Millar, I. (2019) "Kant avec Sade: A Ghost in the Shell?". *Vestigia Journal* 2(1): pp. 154–172.

Millar, I. (2021) "Before We Even Know What We Are We Fear to Lose It: The Missing Object of the Primal Scene". In C. Neill (Ed.), *Blade Runner 2049: Some Lacanian Thoughts*. London: Palgrave Macmillan.

Miller, J-A. (1988) "Extimité". *Prose Studies* 11(3): 121–131.

Miller, J-A. (1990) "Microscopia: An Introduction to the Reading of Television". In J. Lacan (Ed.), *Television: A Challenge to the Psychoanalytic Establishment*, pp. xi–xxxi. London: W.W. Norton & Company.

Miller, J-A. (1998) "Sobre 'Kant con Sade'". In *Elucidation de Lacan: Charles Brasileňas*. Buenos Aires: Paidos.

Miller, J-A. (2007a) "Jacques Lacan and the Voice". In V. Voruz & B. Wolf (Eds.), *The Later Lacan: An Introduction*, pp. 137–146. New York: SUNY.

Miller, J-A. (2007b) "Interpretation in Reverse". In V. Voruz & B. Wolf (Eds.), *The Later Lacan: An Introduction*, pp. 3–9. New York: SUNY.

Miller, J-A. (2004) "A Fantasy". Available (8th of April 2019) at: http:// londonsociety-nls.org.uk/The-Laboratory-for-Lacanian-Politics/Some-Research-Resources/Miller_A-Fantasy.pdf.

Miller, J-A. (2012) "Suture (Elements of the Logic of the Signifier)". In P. Hallward & K. Peden (Eds.), *Concept and Form Volume One: Key Texts from the Cahiers pour l'Analyse*, pp. 91–101. London: Verso.

Miller, J-A. (2013) "You Are the Woman of the Other and I Desire You". Available (23.01.21) at https://www.lacan.com/essays/?page_id=331.

Miller, J-A. (2013a) "The Real in the 21st century". *Hurly-Burly* 9: pp. 199–206.

Miller, J-A. (2013b) "The Other Without Other". *Hurly-Burly* 10: pp. 15–29.

Miller, J-A. (2015a) "The Unconscious and the Speaking Body". *Hurly-Burly* 12: pp. 119–132.

Miller, J-A. (2015b) "Ordinary Psychosis Revisited". *Lacanian Inc.* 46: pp. 90–115.

Miller, J-A. (2016) "A New Alliance with Jouissance". *The Lacanian Review Hurly-Burly* 2: pp. 105–116.

Miller, J-A. (2019) "Six Paradigms of Jouissance". *The Psychoanalytical Notebooks* 34: pp. 11–77.

Morel, G. (2006) "The Sexual Sinthome". *Umbr(a)* 1: pp. 65–83.

Musk, E. (2018) *Joe Rogan Podcast #1169* [Video File]. Available (01.03.20) at: https://www.youtube.com/watch?v=ycPr5-27vSI.

Neuralink (2019) *Neuralink Launch Event* [Video File]. Available (01.03.20) at: https://www.youtube.com/watch?v=r-vbh3t7WVI.

Nobus, D. (2019) "Kant with Sade". In S. Vanheule, D. Hook & C. Neill (Eds.), *Reading Lacan's Écrits: From "Signification of the Phallus" to "Metaphor of the Subject"*, pp. 110–167. London: Routledge.

Parisi, L. (2015) "Instrumental Reason, Algorithmic Capitalism and the Incomputable". In M. Pasquinelli (Ed.), *Alleys of Your Mind: Augmented Intelligence and its Traumas*, pp. 125–137. Lüneburg: Meson Press.

Pasquinelli, M. (2015) "Introduction". in M. Pasquinelli (Ed.), *Alleys of Your Mind:*

Augmented Intelligence and its Traumas, pp. 7–18. Lüneburg: Meson Press.

Pluth, E. (2019) "Science and Truth". In S. Vanheule, D. Hook & C. Neill (Eds.), *Reading Lacan's Écrits: From "Signification of the Phallus" to "Metaphor of the Subject"*, pp. 268–307. London: Routledge.

Realbotix (2018) "Projects". Available (01.03.20) on: https://realbotix.com/.

Richardson, K. (2018) "Campaign Against Sex Robots". Available (01.03.20) on: https://campaignagainstsexrobots.org/.

Schreber, D.P. (2000) *Memoirs of My Nervous Illness*. Cambridge, MA: Harvard University Press.

Schwab, K. (2016) *The Fourth Industrial Revolution*. London: Penguin Random House.

Searle, J.R. (1980) "Minds, Brains, and Programs". *Behavioral and Brain Sciences* 3(3): pp. 417–457.

Sharpe, M. (2015) "Killing the Father, Parminedes: On Lacan's Antiphilosophy". *Continental Philosophy Review* 52: pp. 51–74.

Srnicek, N., & Williams, A. (2014) "#Accelerate Manifesto for an Accelerationist Politics". In N. Srnicek & A. Williams (Eds.), *#Accelerate: The Accelerationist Reader*, pp. 347–362. Falmouth: Urbanomic.

Stiegler, B. (1998) *Technics and Time 1: The Fault of Epimetheus*. Stanford: University Press.

Stiegler, B. (2013) *What Makes Life Worth Living?: On Pharmacology*. Cambridge: Polity Press.

Stiegler, B. (2014) *Symbolic Misery Volume 1: The Hyperindustrial Epoch*. Cambridge: Polity Press.

Tegmark, M. (2017) *Life 3.0: Being Human in the Age of Artificial Intelligence*. London: Penguin.

Teixera Pinto, A. (2018) "The Psychology of Paranoid Irony". *Transmediale Journal* 1: pp. 18–22.

Tomšič, S. (2012) "The Technology of Jouissance". *Umbr(a)* 17: pp. 143–158.

Tomsič, S. (2015) *The Capitalist Unconscious: Marx and Lacan*. London: Verso.

Tomšič, S. (2016) "Psychoanalysis and Antiphilosophy: The Case of Jacques Lacan". In A. Cerda-Rueda (Ed.), *Sex and Nothing: Bridges from Psychoanalysis to Philosophy*, pp. 81–103. London: Karnac Books.

Turing, A. (1950) "Computing Machinery and Intelligence". *Mind* 49: pp. 433–460.

Vanheule, S. (2014) *The Subject of Psychosis: A Lacanian Perspective*. Basingstoke: Palgrave Macmillan.

Vanheule, S. (2016) "Capitalist Discourse, Subjectivity, and Lacanian Psychoanalysis". *Frontiers in Psychology* 7: pp. 1–14.

Vinge, V. (1993) "The Coming Technological Singularity: How to Survive in the Post-

Human Era". Lewis Research Center, *Vision 21: Interdisciplinary Science and Engineering in the Era of Cyberspace*: pp. 11–22.

Von Neumann, J. (2012) *The Computer and the Brain*. New Haven: Yale University Press.

Voruz, V. (2013) "Disorder in the Real and Inexistence of the Other: What Subjective Effects?". Available (01.03.20) at: www.iclo-nls.org/wp-content/uploads/Pdf/ICLO2013-VeroniqueVoruz.pdf.

Voruz, V. (2016) "The Second Paternal Metaphor". Available (01.03.20) at: http:// www.ampnls.org/page/gb/49/nls-messager/0/2015-2016/2284.

Voruz, V. & Wolf, B. (2007) "Preface", in V. Voruz & B. Wolf (Eds.), *The Later Lacan: An introduction*, pp. vii–xvii. New York: SUNY.

Wajcman, G. (2003) "The Hysteric's Discourse". Available (01.03.20) at: https://www.lacan.com/hystericdiscf.htm.

Wolf, B. (2019) *Anxiety Between Desire and the Body: What Lacan Says in Seminar X*. London: Routledge.

Wright, C. (2018) "Lacan's Cybernetic Theory of Causality: Repetition and the Unconscious in Duncan Jones' *Source Code*". In S. Matviyenko & J. Roof (Eds.), *Lacan and the Posthuman*, pp. 67–88. Basingstoke: Palgrave Macmillan.

Yudkowsky, E. (2010) "Timeless Decision Theory. The Machine Intelligence Research Institute". Available (01.03.20) at: https://intelligence.org/files/TDT.pdf.

Žižek, S. (1993) *Tarrying with the Negative: Kant, Hegel and the Critique of Ideology*. Durham: Duke University Press.

Žižek, S. (1995) "Woman is One of the Names of the Father, Or How Not to Misread Lacan's Formulas of Sexuation". Available (01.03.20) at: http://www. lacan.com/zizwoman.htm.

Žižek, S. (1997a) *The Plague of Fantasies*. London: Verso.

Žižek, S. (1997b) "Desire: Drive = Truth: Knowledge". *Umbr(a)* 1: 147–151.

Žižek, S. (2005) *The Metastases of Enjoyment: On Women and Causality*. London: Verso.

Žižek, S. (2008) *For They Know Not What They Do: Enjoyment as a Political Factor*. London: Verso.

Žižek, S. (2016) *Disparities*. London: Bloomsbury.

Žižek, S. (2017a) *Incontinence of the Void: Economico-Philosophical Spandrels*. Massachusetts: MIT Press.

Žižek, S. (2017b) "Blade Runner 2049: A View of Post-Human Capitalism". Available (01.03.20) at: https://thephilosophicalsalon.com/blade-runner-2049-view-of-post-human-capitalism/.

Žižek, S. (2020) *Sex and the Failed Absolute*. London: Bloomsbury.

Zupančič, A. (2000) *Ethics of the Real: Kant, Lacan*. London: Verso.

Zupančič, A. (2006) "When Surplus Enjoyment Meets Surplus Value". In J. Clemens & R. Grigg (Eds.), *Reflections on Seminar XVII: Jacques Lacan and the Other Side of Psychoanalysis*, pp. 155–178. Durham: Duke University Press.

Zupančič, A. (2017) *What is Sex?*. Cambridge, MA: MIT Press.

参考影像

Brooker, C. (Creator) (2011–) *Black Mirror* [TV Series]. UK: Channel 4.

Cameron, J. (Director) (1984) *The Terminator* [Film]. US: Orion Pictures.

Columbus, C. (Director) (1999) *Bicentennial Man* [Film]. US: Buena Vista Pictures.

Crichton, M. (Director) (1973) *Westworld* [Film]. US: Metro-Goldwyn-Mayer (MGM).

Foster, J. (Director) (2017) *Black Mirror* (S4E2): Arkangel [TV Series]. UK: Channel 4.

Garland, A. (Director) (2015) *Ex Machina* [Film]. US: Universal Pictures.

Jonze, S. (Director) (2013) *Her* [Film]. US: Warner Bros. Pictures.

Joy, L. & Nolan, J. (Creators) (2016–) *Westworld* [TV Series]. US: HBO.

Kleeman, J. (Creator) (2017) *Rise of the Sex Robots* [Documentary]. UK: The Guardian.

Kubrick, S. (Director) (1968) *2001: A Space Odyssey* [Film]. US: Metro-Goldwyn-Mayer (MGM).

Pfister, W. (Director) (2014) *Transcendence* [Film]. US: Warner Bros Pictures.

Ridley, S. (Director) (1982) *Blade Runner* [Film]. US: Warner Bros. Pictures.

Sanders, R. (Director) (2017) *Ghost in the Shell* [Film]. US: Paramount Pictures.

Spielberg, S. (Director) (2001) *A.I. Artificial Intelligence* [Film]. US: Warner Bros. Pictures.

Villeneuve, D. (Director) (2017) *Blade Runner 2049* [Film]. US: Warner Bros. Pictures.

Wachowski, L., & Wachowski, L. (Directors) (1999) *The Matrix* [Film]. US: Warner Bros. Pictures.

索引

A

Alethosphere　真理球　52–55, 59, 64, 72, 79, 108n9, 144, 194
Angel-beings　成为天使　97
Antiphilosophy　反哲学　39, 40
Anti-Sexus　反性机　65, 66
Arkangel　方舟天使　50–52, 54, 56

B

Badiou, Alain　阿兰・巴迪欧　24, 41, 86–88, 99n6, 198, 201, 202
Baudrillard, Jean　让・鲍德里亚　53, 56, 66–76, 153, 172, 173, 194
Black Mirror　《黑镜》　20, 49–57
Blade Runner 2049　《银翼杀手 2049》　174–184, 189, 197
Blue Brain　蓝脑计划　27–35
Bostrum, Nick　尼克・博斯特罗姆　21, 155
Bratton, Benjamin　本杰明・布拉顿　20–22, 35, 194

C

Cassin, Barbara　芭芭拉・卡桑　198
Chiesa, Lorenzo　洛伦佐・基耶萨　77, 92, 93n2, 96–98, 113, 132, 151–153, 188, 195, 197

Copjec, Joan 琼·科普耶克 94n3, 125–129, 133, 195

D

De Sade, Marquis 萨德侯爵 147, 153, 165
Death 死亡 41, 52, 71, 80, 91, 93, 102, 117–119, 134–137, 144, 151–153, 157, 158, 160, 162, 164, 165, 187, 197, 202
Death drive 死亡冲动 50n2, 91
Descartes, René 勒内·笛卡尔 2n2, 36, 37, 43, 139
Dolar, Mladen 姆拉登·多拉尔 43

E

Ex Machina 《机械姬》 134–145, 135n4, 174, 195
Extimacy 外密性 5, 6, 136

F

Four discourses 四大辞说 37, 41, 55, 103, 104
Freud, Sigmund 西格蒙德·弗洛伊德 20, 31, 33, 36, 37, 40, 41, 50n2, 59, 60, 62, 63, 78, 87, 90, 93, 97, 107, 108, 113, 116, 134–136, 138, 142, 156, 166, 171, 172, 177, 178, 185, 200

G

Ghost in the Shell 《攻壳机动队》 148, 152, 153, 155, 158, 161, 162, 164, 165, 174
God 上帝 4, 33, 37, 55–66, 80, 98, 108, 112, 113, 139, 145, 157, 162, 166, 170, 185, 188, 189

H

Hate 恨 33, 85
Her 《她》 76, 81
Hyperreality 超真实 ix, 66, 67, 72, 75, 194
Hyperstition 超迷信 ix
Hypo-reality 超-真实 56

I

Ignorance 无知 33
Intelligence 智能 2–4, 4n3, 8, 9, 15–44, 50, 51n3, 118, 119, 129–131, 144, 201

J

Johnston, Adrian 阿德里安・约翰斯顿 40, 41
Jouissance 享乐 10, 44, 51n3, 53, 54, 56, 57, 64, 69, 71, 74, 86, 91–93, 93n2, 95, 97–114, 116–119, 137, 140, 142, 144, 150, 152, 154–157, 160, 163, 164, 170, 172, 179, 187–189, 195–197, 202

K

Kant, Immanuel 伊曼努尔・康德 2, 10, 41, 101, 125–128, 147, 148, 153–158, 164, 169, 170, 195, 197
Kittler, Friedrich 弗里德里希・基特勒 60, 80, 112, 113
Kurzweil, Ray 雷・库兹韦尔 2, 4, 28n5, 63

L

Lacan, Jacques 雅克・拉康 viii, x, 5–10, 10n5, 20, 24–27, 33, 35–39, 41–44, 52–55, 58, 59, 63, 66, 68, 69, 77, 77n6, 78, 80, 85–112, 116, 119, 129, 132, 137, 141–145, 147, 148, 151–157, 161, 162, 164–166, 170–174, 176, 177, 185, 189, 190, 194, 195, 197
Lamella 薄膜 103, 161–166
Land, Nick 尼克・兰德 151
Lathouse 抽灵机 7, 9, 49–59, 64–66, 71, 72, 74, 114, 118, 119, 139, 144, 145, 162, 190, 194
Lotringer, Sylvere 西尔维尔・洛特林格 148–150, 196
Love 爱 33, 75–77, 80, 85, 86, 88, 89, 92, 95, 98, 134, 135, 138, 140, 143, 180, 187, 188, 196, 198–202
Lovelock, James 詹姆斯・洛夫洛克 4, 29

M

Malabou, Catherine 卡特琳娜・马拉布 27–35, 162, 194
Matrix, The 《黑客帝国》 66

Mbembe, Achille　阿基利・姆贝贝　151
Miller, Jacques-Alain　雅克-阿兰・米勒　5, 6, 8, 9, 24, 25, 57–59, 64, 72, 73, 78, 79, 93, 95–96n4, 98–107, 99n5, 99n6, 99n7, 109, 110, 112, 134, 137, 177, 184, 186, 190, 194
Musk, Elon　埃隆・马斯克　49, 50, 155

N

Necropolitics　尸体政治学　151
Nobus, Dany　丹尼・诺布斯　156, 157, 164

O

Object a　对象 a　7, 53, 56, 57, 59, 64, 89n1, 93, 94n3, 101, 103, 105, 108–111, 108n10, 119, 142, 143, 174, 188
Omega number　欧米伽数　23–27, 35
Ordinary psychosis　日常精神病　73, 108n9, 109–113, 137

P

Parisi, Luciana　露西安娜・帕里西　23–27, 35, 194
Parlêtre　言在　59, 107, 108n9, 109, 110
Pasquinelli, Matteo　马泰奥・帕斯奎内利　18–20, 35, 194
Patipolitics　苦难政治学　147–166
Prosthetic God　假体上帝　57–66, 162, 166
Psychosis　精神病　38, 108–113, 108n10, 184, 185

R

Robots　机器人　66–76, 114, 118n11, 141, 150, 151, 155, 194, 196
Roko’s Basilisk　洛克的蛇妖　vii–x, 64, 66

S

Saint　圣人　8, 185–190
Schreber, Daniel Paul　丹尼尔・保罗・施瑞伯　108, 111–113, 185
Sexbot　性机器人　2, 9, 10, 108–119, 134, 138–140, 143, 144, 148, 153, 156, 158, 159, 166, 174, 190, 195, 196, 198, 202

Sexuation 性化 22, 77, 90, 91, 94–98, 106, 110, 119, 126–128, 133, 134, 160, 165, 170, 171, 176, 181, 186, 189, 195, 197, 201
Sexuation, (graphs of) 性化图示 33, 88, 93, 96n4, 106, 195
Sharpe, Matthew 马修 · 夏普 41–43
Simulation 模拟 vii, ix, 6, 17, 27–31, 34, 66, 67, 75, 130, 134, 149, 158
Singularity 奇点 x, 2–5, 4n3, 8, 19, 63, 115, 116, 118, 162, 202
Sinthome 圣状 9, 9n4, 40, 107, 109, 111, 114, 141, 144, 190, 202
Speaking body 言说的身体 6, 7, 9, 9n4, 11, 49n1, 59, 106, 107, 108n9, 110, 111, 144, 157, 188, 194
Stiegler, Bernard 伯纳德 · 斯蒂格勒 60–64, 194
Strange jouissance 奇异享乐 97
Stupidity 愚蠢 15–44, 118
Suture 缝合 23–27, 95–96n4, 99n6

T

Teixera Pinto, Ana 安娜 · 特谢拉 · 平托 ix
Tomšič, Samo 萨莫 · 汤姆希奇 39, 40, 54, 59
Turing Test 图灵测试 4, 8, 21, 22, 129–134, 138, 142, 144, 196
2001: A Space Odyssey 《2001 太空漫游》 75

U

Undead 不死者 66, 103, 114, 119, 136, 145, 148, 150–153, 157–163, 165, 166, 170, 196, 197

V

Voruz, Veronique 维罗妮克 · 沃鲁兹 58, 111

W

Westworld 《西部世界》 150, 151

Z

Žizek, Slavoj 斯拉沃热 · 齐泽克 4, 5, 57, 58, 64, 89, 94, 96, 117, 139–142, 162, 163, 164n3, 165, 166, 180, 182, 183, 188
Zupančič, Alenka 阿伦卡 · 祖潘契奇 65, 66, 87, 88, 90, 91, 147, 148

图书在版编目(CIP)数据

人工智能的精神分析 / (英) 伊莎贝尔·米拉(Isabel Millar) 著 ; 陈劲骁译. -- 上海 : 上海人民出版社, 2024. --(精神分析与人文 / 居飞, 孙飞宇, 赵千帆主编). -- ISBN 978-7-208-19025-2

Ⅰ. B841-39

中国国家版本馆 CIP 数据核字第 2024G59S50 号

责任编辑 赵 伟 陶听蝉

封面设计 胡斌工作室

精神分析与人文

人工智能的精神分析

[英] 伊莎贝尔·米拉 著

陈劲骁 译

出　　版 上海人民出版社

(201101　上海市闵行区号景路 159 弄 C 座)

发　　行 上海人民出版社发行中心

印　　刷 苏州工业园区美柯乐制版印务有限责任公司

开　　本 890×1240　1/32

印　　张 9.25

插　　页 2

字　　数 179,000

版　　次 2024 年 10 月第 1 版

印　　次 2024 年 10 月第 1 次印刷

ISBN 978-7-208-19025-2/B·1769

定　　价 52.00 元

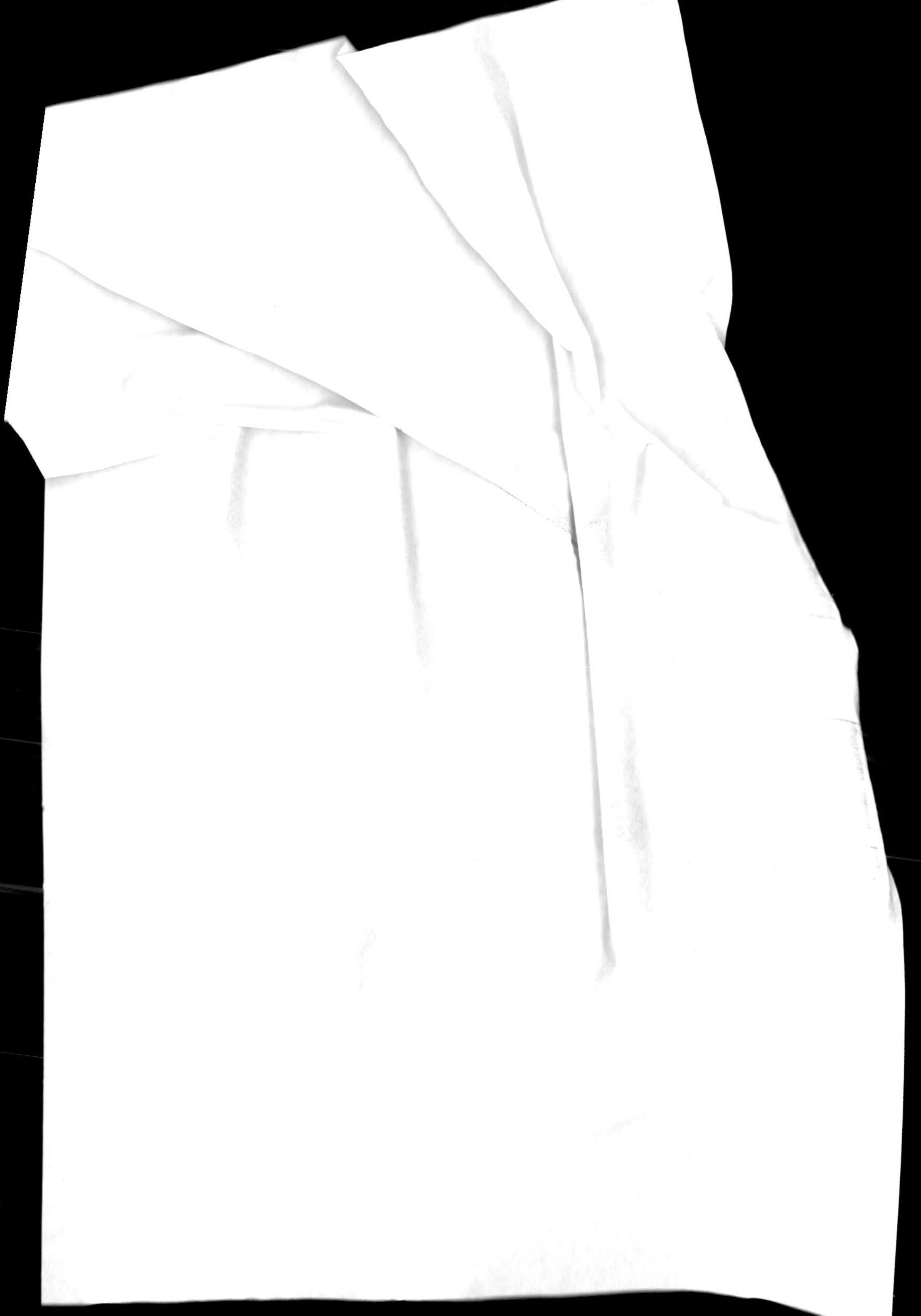